积极心理学
双元互动教学模式

李晓溪◎著

科学出版社
北京

内 容 简 介

本书以积极心理学课程的性质和价值取向为起点，探讨了大学积极心理学课程的目标、内容；分析了大学积极心理学教学的现状；阐述了积极心理学课程教学设计的教学模式基础、心理学基础和社会学基础；探索了积极心理学实践活动设计的要求与形式；讨论了积极心理学教学的组织与评价；详细分析了积极心理学教学中教师与学生的行为特征；列举了积极的感受、积极的特质以及积极的关系课例，提出了适合大学通识教育的积极心理学双元互动教学模式。

本书适合心理学、教育学研究者，以及高校心理健康教育教师和心理学爱好者阅读与参考。

图书在版编目（CIP）数据

积极心理学双元互动教学模式 / 李晓溪著. —北京：科学出版社，2024.3
ISBN 978-7-03-078152-9

Ⅰ. ①积…　Ⅱ. ①李…　Ⅲ. ①人格心理学–教学模式–研究　Ⅳ. ①B848

中国国家版本馆 CIP 数据核字（2024）第 053077 号

责任编辑：孙文影　高丽丽 / 责任校对：何艳萍
责任印制：徐晓晨 / 封面设计：润一文化

科学出版社出版
北京东黄城根北街 16 号
邮政编码：100717
http:// www.sciencep.com
北京市金木堂数码科技有限公司印刷
科学出版社发行　各地新华书店经销
*
2024 年 3 月第　一　版　开本：720×1000　1/16
2025 年 1 月第三次印刷　印张：14 3/4
字数：264 000
定价：99.00 元
（如有印装质量问题，我社负责调换）

Contents **目 录**

第一章 积极教育的浪潮

现代社会，人们承担着时代变迁带来的巨大压力，心理健康的需求也因此日益激增。大学生是推动新时代中国高质量发展的主体，因此呵护其心理健康，培养其积极心理品质尤为重要。本章首先介绍当前大学生的心理健康状态，接着对心理健康教育现状进行反思，认识到从生物-医学角度进行心理学知识科普并不能有效提高国民心理健康素养。为了改善这一状况，本章第三至第五节引入了积极心理学，并对运用积极心理学提高大学生心理健康素养的可能性进行了分析。

第一节　当前大学生心理健康的现状

《世界卫生组织宪章》在开篇就对“健康”进行了界定：不仅是消除疾病，更指达到身心和谐的整体状态（WHO，2022）。马建青（1992）认为，大学生心理健康至少应该符合以下6条标准：①合理的自我认知；②坚强的意志；③积极稳定的情绪；④健全的人格；⑤和谐的人际关系；⑥良好的适应能力。然而，目前部分学生未能达到以上标准，符合各类心理障碍标准的大学生却越来越多。大学阶段（成年早期）是部分精神障碍发生的高峰阶段。在婴儿、儿童或少年期起病的广泛性发育障碍、注意缺陷多动障碍、抽动障碍、对立违抗性障碍、情绪情感障碍或精神分裂症等障碍均有可能延续到大学阶段。世界卫生组织对21个国家的1572名18～22岁大学生和4178名同龄非大学生的调查结果显示，有20.3%的大学生在过去12个月存在精神障碍（Auerbach et al.，2016）。这些大学生中有83.1%的人在入学前即患有精神障碍。这些精神障碍患者在上大学期间更有可能存在人际问题、物质使用障碍。如果这些精神障碍患者是女生，她们更有可能会得抑郁症，然而这些人中只有16.4%接受了正规的治疗。2019年，自杀是15～29岁青年人的第四大致死因素（WHO，2021）。另外有研究显示，医学生抑郁和自杀的人数较多（Rotenstein et al.，2016）。昌敬惠等（2020）研究了新冠疫情下大学生的心理健康水平，结果发现有69.47%的大学生对COVID-19的认知程度较高。尽管如此，焦虑情绪发生率仍高达26.60%，其中轻度、中度和重度焦虑的发生率分别是23.19%、2.71%、0.70%；抑郁情绪发生率达21.16%，其中轻度、中度、中重及重度抑郁的发生率分别为16.98%、3.17%、1.01%。研究者对美国大学新生的（自陈式）调查研究显示，有5%的大学新生有注意缺陷障碍，3.8%的大学新生有其他心理障碍（Pryor et al.，2010）。研究者对英国、意大利、新西兰1209名大学生的调查研究显示，有2.9%～8.1%的男大学生和3.9%的女大学生患有注意缺陷障碍（Dupaul et al.，2001）。研究者对中国广州市10所院校共2650名大学生的调查研究显示，有3.1%的大学生在过去6个月内吸食过新型毒品；过去3个月内吸烟的占24.7%，饮酒程度为轻度以上的占11%；过去6个月内使用过镇静催眠类药物的占4.5%（热米娜等，2017）。另有调查研究显示，大学生群体的物质滥用比例较高，但是很难被识别，他们很少主动寻求帮助（Caldeira et al.，2009）。女大学生中有21.24%的人存在可疑进食障碍（牛娟等，2009）。大学生中有60%的人存在睡眠质量问题，9.5%的人有慢性失眠，慢性失眠的大学生均报告有疲劳、抑郁、焦虑、感到压力、生活质量差，同时他们还会使用更多的催眠和兴奋剂治疗睡眠问题（Lund et al.，2010；Taylor et al.，2013）。

由此可见，大学生心理健康状况不容乐观，积极防治大学生心理问题/精神障碍非常重要。防治工作的起点在于健康教育，而健康教育中最重要的方面是要使大学生保持积极的心理状态。

第二节　心理科普教育反思

心理学研究需要研究者有极为审慎的科研态度及进行周密的研究设计，所以专业心理学科研工作者进行心理科学研究需要花大量的时间和精力，因此他们投入在心理学知识普及方面的精力略少。然而，随着人们的生活水平日益提高，大众对于心理学知识的需求急剧增加。两者的落差造成目前心理科普教育领域出现了一些问题。目前，心理科普教育可以分为课堂教育和非课堂教育两种类型。课堂教育多是以问题为起点开展课堂教学。纵观大学生心理健康教育教材不难发现，大多数教材会详细列举大学生存在的心理健康问题。即使不对心理问题进行集中阐述，也会以心理问题的典型案例开始介绍，引起学生对心理问题的关注。在每一章的结尾，总会给出相应心理问题的解决方案。此种编写方法会让学生认为自己是有问题才上心理健康教育课的。课堂讲授过程中则主要出现了两种不适宜的倾向：一种是专业化倾向；另一种是肤浅的道德教育倾向。在专业化倾向中，教师更注重讲解心理学的某一部分知识或原理，强调某一心理学知识获取的实验过程，注重某一心理现象在不同理论流派下的对比分析，或某一仪器在心理学领域的用途。这种讲解的好处在于，讲授的心理学知识全面而深刻，但对于非心理学专业的学生而言，这些知识深奥且与现实生活距离太远。如果教师在讲授过程中不注意讲授的方式方法，课堂气氛通常非常沉闷，课堂效果很难得到保证。与专业化倾向恰恰相反，肤浅的道德教育倾向是通过灌输的方式，借鉴道德教育内容，阐释心理健康的内涵。这种授课方式的好处在于，教师在授课过程中多采用故事和类比的方式讲授心理健康内容，学生对这种方式更熟悉。但是，这种方式不能清晰地讲授心理学原理，虽然学生上课时觉得很受启发，但是这些例子中的操作方法如果与实际生活相去甚远，学生很难将其应用于自己的学习与生活中，久而久之，一些学生便会误以为心理学根本没有用。一些非课堂的科普宣传也存在类似的问题，要么专业名词过多，不能很好地将知识深入浅出地表达清楚；要么泛泛而谈，并不能起到很好的科普作用。因此，心理学科普工作亟须建立能够很好地联系理论与大众的桥梁，将严谨的研究成果切实有效地用于提高人们的心理健康水平。

第三节 积极心理学的启发

20 世纪末，国际心理学界兴起一种新的研究思潮——积极心理学。它主张用积极的视角看待人的心理现象，包括我们常说的许多心理问题和异常心理都可以从积极的一面做出解读，以此来激发个体潜在的积极品质和积极力量，从而使每个人都能走向成功的彼岸，并获得属于自己的幸福。

积极心理学的研究最早可以追溯到 20 世纪 20 年代特曼（Terman，1954）关于天才的系列研究，以及荣格在讨论人的发展阶段时关于人生意义的论述（Jung，2014）。20 世纪 50—60 年代，马斯洛（Maslow）、罗杰斯（Rogers）等人本主义心理学家开始研究人性的积极面（马斯洛，2010；Rogers，1995），也在一定程度上引起了心理学家对积极心理活动的积极一面的重视。比如，马斯洛的著作《动机与人格》附录 A 的题名就是“走向积极心理学”（Maslow，1954）。从某种程度上来说，人本主义心理学是积极心理学的先驱。人本主义心理学在 20 世纪 60—70 年代风靡一时，它引入了许多重要的概念，开展了许多现在认为是积极心理的探讨，包括对幸福感、乐观主义的研究，以及提出了善良、美德、爱、高峰体验、自我实现等众多概念（Misiak，Sexton，1973）。但是，由于人本主义心理学存在方法论上的缺陷，缺乏严谨性，尤其是缺乏实证研究的支持，它逐渐淡出了主流心理学的领域。人本主义心理学的历史影响是深远的，它孕育了心理学的新兴分支——积极心理学。

塞利格曼（Seligman）是积极心理学之父，他与合作者共同确立了积极心理学这一心理学新领域。他以美国心理学会会长的身份在 1998 年的美国心理学年会上明确提出要创立积极心理学，认为积极心理学应着眼于积极和有用的东西，而不仅仅是研究疾病和缺陷，更应该关注感恩、善良、自尊和幸福感（Seligman，Csikszentmihalyi，2000）。在同年举行的艾库玛尔（Akumal）会议上，塞利格曼确定了积极心理学研究的三大内容（积极的感受、积极的特质、积极的关系），并分别指定了相应的负责人（Seligman，1998）。艾库玛尔会议大大推进了积极心理学研究，促成了大量相关研究成果的出现。2002 年，《积极心理学手册》（*Handbook of Positive Psychology*）正式出版，该书对积极心理学各个方面的研究成果做了系统的总结，构建了积极心理学的基本框架，标志着积极心理学正式形成（Snyder，Lopez，2002）。

我们的美好人生不仅仅包括金钱，还有很多有意义的层面。积极心理学研究正好为我们理解、测量、发现并促进这些美好的方面提供了可能性。积极心理学诞生之后迅速影响了心理学的各个分支。有人比喻积极心理学是一个筐，任何心理学的研究都可以从积极心理学的视角找到研究方向。教育作为心理学研究的重要对象之一，自然可以在这一视角下汲取力量。

第四节　提倡积极教育的原因

心理学的研究结果可以为教学设计提供理论基础。心理学科的视角总能给教育学家、教育界的管理者和从事教育工作的老师一些启发与建议。我国著名的积极心理学家彭凯平（2022）认为，提倡积极教育的原因至少有以下三个。

一、积极教育是人类社会发展的密码

人类生命在繁衍和发展过程中主要依靠 DNA 和 RNA 来承载遗传物质。现今社会处于大数据时代，人类科学家又开始探索出另一种遗传信息——文化基因。文化基因主要描述人类社会发展过程中到底存在哪些规律性现象。彭凯平（2022）对公元元年到 2001 年的云端大数据进行分析后发现，人类的进步和发展不是依靠斗争来实现的，也不是依靠掠夺来实现的，而是依靠人类的善意来实现的。这里的善意是指人们要和他人进行交流与合作。大规模的文化交流、技术交流、货物交换、财富交换是人类发展的重要密码，其间人类财富有三个急剧增长的时间段：①文艺复兴时期，在这个时间段，人类发现了新大陆，实现了大规模迁移，为交流和交换提供了基础；②工业革命时期，工业化程度的提高使得行业分工越来越细，个体拥有资源的有限性使得人们的交往和合作日益增多；③第二次世界大战结束后，各大厂商和政府机构越来越认识到，只有合作与共赢，而不

是排挤和掠夺，才能更好地发展。我国的经济发展也符合这样一个规律。改革开放以来，我们加强了与世界各国的文化交流、经济交流以及知识交流。改革开放40 多年来，我国发生了翻天覆地的变化，人民安居乐业，经济飞速发展，呈现出一片繁荣昌盛的景象。取得这样的成绩跟我们不遗余力地实施改革开放、与人交往、融入世界有着密切而深刻的关系。

怎样与人正常和积极地交往？孟德斯鸠认为，商业成功的秘诀就一条——讨人喜欢，让人快乐。彭凯平认为，保持积极、阳光、美好、善良的心态非常重要。他通过大数据研究得出的结论印证了孟德斯鸠的这条商业秘诀（彭凯平，2022）。所以，让自己和他人都开心才是发展的硬道理。我们现在处于网络飞速发展的时代，很多人每天与手机交流的时间远远超过了学习以及跟他人面对面交流的时间。在这样的时代，我们应该如何教育孩子，传授给他们怎样的生活技巧？彭凯平（2022）认为，被人喜爱是最重要的优势，情商比智商更加重要，学会如何做人比学会如何做事更加重要。

二、积极教育可以弥补传统教育的不足

我国教育一直非常注重知识的积累。我国学生的课业负担较重，在信息技术飞速发展的今天，学生不仅要掌握大量知识，也需要有全面发展的素质。这就促使我们反思：我们是否需要知识以外的教育，通过积极教育来辅助传统知识教育，进而使学生发展出知识以外的能力，促进学生的全面发展？

丹尼尔·平克（2013）认为，我们正在从信息时代走向概念时代。在信息时代，经济和社会的基础是线性思维、逻辑能力以及类似计算机般的能力，而在概念时代，经济和社会的基础是创造性思维、共情力和把握全局的能力，其可以具体化为决胜未来的六种能力：①要有设计感、美感和欣赏之心；②要有快乐的感觉，这种快乐的感觉能让自己及其他人保持开心；③要有意义感，知道生活的意义和目的是什么；④要有形象思维的能力，可以将抽象的理论用深入浅出的方式表达出来；⑤要有共鸣的能力，善于激励和感染他人；⑥要有共情能力，能够从他人的角度出发理解并深刻感受对方的感受与情绪。积极教育要着力培养以上六种能力。

三、积极教育是符合人类大脑活动规律的科学实践

人类学习和掌握一般的技能依靠的是低级脑区的活动，低级脑区负责具体的信息加工，高级脑区负责美感、共情、共鸣等的加工。高级脑区越活跃，人类的智慧水平就越高，人类的积极情感、成就水平也就越高。因此，教育不仅应该培养学生一般的知识和技能，还应该培养学生使用高级脑区，让学生更有灵性和具备更高水平的德行。

而积极教育的目的正是培养学生使用高级脑区的习惯，即培养ACE型人才。A是审美感（aesthetic），有审美感的人能够看到别人看不到的东西，能够领悟到别人领悟不到的东西；C是创造力（creativity），有创造力的人能够分析问题、解决问题和创造新事物；E是感情共鸣（empathic）能力，有情感共鸣能力的人能够敏锐地感受并影响其他人的感情。这一能力要求来源于达尔文的进化论观点。达尔文认为，一切动物（包括人类）都是通过繁衍、变异实现适者生存、弱者淘汰的（Darwin，2017）。人类生存和繁衍时选择的往往是积极的天性，如逐渐直立行走，逐渐看得高望得远，喜欢公正、伟大、崇高的事物。所以，积极教育也要符合达尔文的进化理论，即培养更有魅力、有人愿意追随、能够同甘共苦、共创辉煌的人。

第五节　积极心理学教学中实施积极教育的可能性

一、实施积极教育的可能性

我国古代先贤以及现代的实证研究均证明实施积极教育具有可能性。《周易》中的名言“天行健，君子以自强不息”，《大学》中的“苟日新，日日新，又日新”都充分表明，我国先贤早就有了自强不息、日日更新的信念。作为万世师表的孔子主张教师要有“学而不厌，诲人不倦”（《论语》）的精神。他认为“学而时习之不亦说乎”“知之者不如好之者，好之者不如乐之者”（《论语》）。他本人就是积极、快乐求知的典范。明代教育家王守仁曾批判当时的学校说：“责其检束而不知导之以礼，求其聪明而不知养之以善，鞭挞绳缚，若待拘囚。彼视学舍如囹狱而不肯入，视师长如寇仇而不欲见。”（王守仁，2018）他建议教育者应该“顺导其志意，调理其性情，潜消其鄙吝，默化其粗顽，日使之渐，于礼义而

不苦其难。入于中和而不知其故”。陶行知先生认为，“人力胜天工，只在每事问”，他还勉励青年要“努力，努力，创造个好命运，自己的力量要尽”（陶行知，1981）。中国文化中有丰富的积极教育元素，包括积极求知和积极育人的精神，不仅重视勤奋，而且主张快乐而不厌倦，这为积极教育提供了实践基础。

科学研究也为实施积极教育提供了有力的证据，围绕积极教育，学者在不同层面进行了多方面的探索。社会情绪管理理论认为，人在迈向老龄化的过程中会出现积极效应。他们会采用回避消极情绪的策略，主动趋向积极情绪，呈现出积极信息偏好倾向（Carstensen，2006；伍麟，邢小莉，2009）。马斯洛的需要层次理论认为，人有多种基本需要，这些需要正是人们积极行为的内驱力，是人们追求健康、成功、发展、快乐、满意、幸福的主要动机（Maslow，1943）。脑科学研究证实，人的大脑具有积极方向的可塑性，比如，智力水平可以通过练习得到提升，紧锣密鼓地复习可以显著增加大脑部分区域的灰质（Ramsden et al.，2012；Draganski et al.，2006）。脑电研究也证实，无论是孩子还是成人，具有成长型思维的个体能够在犯错的时候及时改进，提高后续任务的正确率（Schroder et al.，2017；Moser et al.，2011）。另有学者认为，人生而有积极基因：人类在进化过程中积累并遗传了大量包括积极的心理因素在内的“积极基因”（王希永，2006）。人类积极的心理特征、心理品质就是由积极的心理因素（基因）发展而来的。人在幼儿时期表现出来的强烈的求知欲、表现欲，在青少年时期表现出来的独立意识、自我意识、进取心等，都是积极的心理因素的具体体现。这些都为开展积极教育提供了前期基础和心理依据，使我们看到了积极教育的可能性。目前，国际组织和很多国家也在进行积极教育的交流与研究工作，例如国际积极教育联盟（International Positive Education Networks，IPEN）以及英国伯明翰大学品格与美德研究中心（Jubilee Centre for the Study of Character and Virtues，University of Birmingham）（罗佳，2017）。

二、将积极心理理念应用于教育教学

澳大利亚的基隆文法学校首先将积极心理学的理念应用于学生的管理之中，提倡对学生的教育不是改正缺点而是发现新的优点。同时，学校给教职员工提供培训，帮助其拥有积极的心态进而影响学生（吴九君，2015）。与应用于教学管理相同，积极心理学也应用于具体学科之中，其首先关注人类积极优势的方面，例如有的研究专注于培养调动人的积极力量对具体学科教学的促进作用（葛鲁嘉，李飞，2016；吴娴兰，2012）；有的研究侧重积极情绪及其扩展建构理论在不同学科教学效果中起到的作用（李玉梅，吴春玲，2012；林雅芳，刘翔平，2013）。更多的研究则是将积极心理学的三大支柱（积极感受、积极特质和积极关系）全面应用于具体教学过程中，整体改善教学舒适性（江桂英，李成陈，2017；邱婉宁，刘宏刚，2017；尹秋云，2010；姚挺等，2009）。这一方面的研究在积极心理学教学研究领域数量最为庞大，涉及几乎所有学科和学龄阶段，但这些研究都是仅仅将积极心理学的研究成果直接应用于具体教学管理和学科教学之中，没有充分关注积极心理学的教学内容本身。

三、积极心理学教学实践

积极心理学教学始于积极心理学之父塞利格曼在宾夕法尼亚大学开设的“积极心理学”课程。后来，哈佛大学的泰勒·本-沙哈尔（Tal Ben-Shahar）开设“幸福课”，让积极心理学的教学普及开来。在具体的教学内容上，课程创立的初期，教师只以专题讲座的形式介绍积极心理学的理念和部分研究成果（马春秀，2015）。随着积极心理学研究体系的逐渐形成，积极心理学教学内容也逐渐集中于积极的感受、积极的特质、积极的关系和积极的应对四大领域（郑雪，2014；C. R. 斯奈德，沙恩·洛佩斯，2013）。在积累了一定的教学经验之后，国内的研究者开始考虑将积极心理学与我国的心理健康教育事业相结合（雷鸣等，2016；梁爽，2014），设计针对不同学科领域（胡煜，2014）和不同人群（陶爱荣，2016；沈苹，2017）的积极心理学教学内容，为促进我国青少年心理健康发展服务。这方面的研究对积极心理学的教学内容进行了较好的梳理，也进行了本土化研究的尝试，但是对于具体教学内容的安排顺序、教学方法的选择，并未能进行深入的研究和探讨。

本书尝试对积极心理学教学内容、方法进行理论和实践上的探讨，期冀运用积极心理学的教育理念为推动心理科普贡献绵薄之力。

第二章 积极心理学课程概述

塞利格曼和西卡森特米哈伊（Seligman，Csikszentmihalyi，2000）认为，积极心理学应该承担起让科学流行起来的重任，即积极心理学研究的结果应该服务于人的心理健康。积极心理学的心理健康服务取向在于建构心理现象中好的方面而非消除坏的部分。本章第一节介绍积极心理学课程的概念界定，重点区分积极教育与消极教育，为更好地说明积极心理学课程的本质奠定基础；第二节介绍积极心理学课程的价值取向；第三节介绍积极心理学课程的特点；第四节重点介绍积极心理学课程的设计原则；第五节介绍积极心理学课程的教学目标。

第一节　积极心理学课程概念界说

一、积极教育的实质

“积极教育”由塞利格曼于 2014 年在世界积极教育联盟会议上提出。积极教育的目标在于帮助学生具备促进自身以及他人全面发展的知识与技能，使学生成为自己人生的主宰者，通过积极教育赋予学生有益智慧。学生运用这些有益的智慧能做出明智的选择，克服困难、拥有幸福与成功的人生，并为社会做出贡献。

为达到以上目标，学生需要具有人类普遍具有的积极特质。塞利格曼等认为，性格品质有天生的成分，但这并不意味着它是一成不变的（Seligman，Csikszentmihalyi，2000）。与认知能力的提高过程一样，已有研究证实学生可以通过正确的引导增强勇气、提高耐心、增加决心、更加具有同情心或更加乐于助人（徐亮，2017；陈汝铮，2014；卢洪涛，付宏，2009；李幼穗，周坤，2010；边玉芳，2014）。也就是说，个体可以通过学习知识以及不断地练习而提升品格。积极教育只有将学业成绩和品格发展有机结合起来，才能促进受教育者的全面发展。

二、积极教育与消极教育

1. 学者对积极教育、消极教育的界定

一般情况下，我们认为积极是好的，而消极是不好的，甚至是坏的。但是对任何词语的理解，都应该在语境中进行。例如，小学生没有认真做作业被老师批评，难过得流下了眼泪。此时流眼泪表达的消极情绪就是一种正常的情绪表达。如果此时小学生欢欣雀跃，则是不恰当的情绪表达。

那么，积极教育和消极教育在不同学者的理论中也有不同的界定。消极教育由卢梭（Rousseau）在《爱弥儿》中首次提出，是卢梭提倡自然教育使用的专有名词（卢梭，2017）。卢梭认为，身体的各种器官是我们用来获取知识的工具，在用它们获取知识之前，一切旨在促使它们趋于完善的教育皆称为消极教育。他主张设法避免环境的不良影响，让儿童在自然环境中自然成长，而不是要教会儿童多少东西。他认为所有延缓的做法都是有利的。当儿童明白了道理，教育者才

需要培养其道德。但当儿童已经明白了道理，教育者不必再教。他主张实施感性教育，反对洛克（Lock）用理性去教育孩子的观点，强调不要揠苗助长，而是要顺应儿童的天性，使之切合儿童身心发展水平（转引自袁鑫鑫，2011）。

积极教育是积极心理学理念在教育领域的应用。传统心理学往往视人为“问题人”，注重矫治功能，基于此的教育就成了“医学式教育”。塞利格曼反其道而行之，专注于研究如何提高人们的幸福感，并让幸福感持续下去。积极教育就是以此为基础，以学生外显或潜在的积极力量为出发点，以增强学生的积极体验和幸福感为主要途径，最终达成培养学生积极人格品质与人生态度的一种教育理念和教育范式。

积极教育已然成为众多理论所认同的概念。当然，也有一些人的理解与上述不同。卢梭认为，那些在儿童的心灵还没有成熟以前就要儿童明白属于成人的道理的教育，就是积极教育（卢梭，2017）。袁鑫鑫（2011）认为，超前教育、补习班教育、特长教育等虽然是积极教育，但这些教育对孩子不一定有好的影响。消极教育思想有利于反观我们现在所谓的积极教育。研究者有将积极教育与消极教育完全对立起来的趋势。显然，这里所谓的积极教育是过于主动的、违反人类天性的教育，这并不是我们所说的积极教育倡导的内容。

本书所述的消极教育与卢梭所述的消极教育并非同一个概念。陈振华（2009）认为，消极教育的理念、行动和结果都是消极的，是与人类的理想教育相悖的。任俊（2010）指出，西方传统教育总是把注意力放在应对学生各种外显或潜在的问题上，并以病理学的范式来对待这些问题，西方社会常把这种教育称为消极教育。陈振华与任俊的理解有同有异，相同之处在于都认为消极教育是负面的、不好的，进而采取批评、否定、摈弃的态度；相异之处在于，前者重在价值评判，后者还涉及一种教育范式——医学式教育。

2. 中国典籍中的积极教育、消极教育思想内涵

积极教育在西方方兴未艾，近年来逐渐成为热潮，而卢梭的消极教育亦享有国际声誉。这两种独特而又产生了较广、较深影响的教育理念和教育范式虽然都发端、兴起与成熟于西方，但其思想内涵在我国典籍中早有提及。

先说积极教育。我们只从教育要给学生带来快乐体验、愉悦感受与积极情感这一方面来看，孔子说“知之者不如好之者，好之者不如乐之者”（《论语》），他还认为“仁者不忧，知者不惑，勇者不惧”“学而时习之，不亦说乎”（《论语》），这彰显了健康刚毅、活泼阳光的人生样态和教育姿态。王守仁（2018）认

为，“今教童子，必使其趋向鼓舞，中心喜悦，则其进自不能已”。这些让我们充分感受到了积极教育开朗乐观、昂扬向上的力量。

再说消极教育。我国古代教育理论中有消极教育相关的海量信息。我国古人十分重视天人合一、顺其天性而教育之等教育思想。老子的《道德经》可以说是中国古代消极教育思想的代表作品之一。他强调“处无为之事，行不言之教。万物作焉而不辞，生而不有，为而不恃，功成而弗居。夫惟弗居，是以不去”。这是老子以顺其自然的思路表达消极教育能够获得的积极成果。从《学记》中亦可以寻到一条较为清晰的消极教育的思想脉络，如要求教师“时观而弗语”，静待学生“开窍”；“学不躐等”“不陵节而施”，要求按照儿童的年龄特征，顺应自然，循序渐进；“道而弗牵，强而弗抑，开而弗达”，都反对过多的教育介入，一篇千字教育经典为后人指出了一条无为而教的路径（刘震，1984）。古人主张“消极教育”，今人也有发扬光大者，譬如叶圣陶（2021）认为“办教育的确跟种庄稼相仿。受教育的人跟种子一样，全都是有生命的，能自己发育自己成长；给他们充分的合适的条件，他们就能成为有用的人才”。这与古代或外国的消极教育思想几乎相同。总之，古往今来许多中国教育家以及实践工作者与卢梭的消极教育思想不谋而合。即便他们未曾有明确意识，未曾做明晰表达，但其言行已经包含了丰富多彩的消极教育思想因子。

其实，无论是积极教育实践，还是消极教育行为，都是遵循儿童发展规律的教育。在这两种乃至更多种教育思想中，人类都会汲取其中的有益成分促进学生健康成长。

3. 积极教育与消极教育的关系

在一般语境中，积极与消极分属褒、贬义词，并构成反义，彼此的关系简单、明了，而积极教育与消极教育的关系则要复杂得多。首先，在思想取向、价值属性、行为方式等方面，它们不是相反的、背道而驰的，甚至本身就不在同一个思维或逻辑层面。积极教育主要指向教育的过程、方式（注重积极体验）与结果（获得积极情感），而消极教育主要指向教育的信念、原则、节奏与力度。因此不宜进行截然相反的处理，应承认它们并存的可行性。其次，究其本质，它们有着同一个逻辑起点或精神原点，即性善论。关于消极教育，有许多研究者谈到这一点，如卢梭的性善说，体现在教育上就是要保护好儿童善良纯洁的天性免受社会污染而率性发展；积极教育更是不言自明，它不同于医疗式教育，不是把儿童看作一个病体，而是认同人初性善。在此意义上，我们完全可以把两者视为人本思想下不同的教育思路、教育艺术和教育风格。最后，消极教育是积极教育的基础与保障。没有消极教育，就不可能有积极教育。例如，梁漱溟的父亲对子女采取信任与宽容态度，从不加干涉，成全了梁漱溟这位“最后的大儒”（梁漱溟，2005）。西南联大秉持学术自由，成就了著名学者何兆武的才华与胸襟（何兆武，2008）。华裔数学家陶哲轩不是为父母，也不是为了获奖，仅是自己感兴趣，在31岁便获得了菲尔茨奖（林革，2006）。反之亦可证明。倘若我们对儿童总是耳提面命、谆谆教诲，片刻也不消停，那么他们还能有一点儿快乐与幸福吗？

耐人寻味的是，积极教育反过来又是通向消极教育之自由王国的前奏或前路。如果远离积极教育，或者在实施过程中使之畸变，还难免有一些“我要你幸福”的味道，甚或出现儿童被强迫的现象，那就必然无法呈现消极教育应有的生态。消极教育主张无为而教，垂拱而治，或许在此氛围和情境中，儿童才能真正获得解放，享受自由，而此种图景又正是积极教育所追求的。综上所述，积极教育、消极教育之间既互为基础，也互为保障。

三、积极心理学课程的实质

（一）课程的实质

课程是由一定的目标、基本文化成果及学习活动方式组成的用以指导学校与人的规划，引导学生认识世界、了解自己、提高自己的媒介（中国大百科全书总编辑委员会《教育》编辑委员会，1985）。实质是指事物或客体的根本属性，是构成某一事物的各因素之间的内在联系（黑格尔，1980）。现代课程一般包括学生成长需要的认知经验要素、道德经验要素、审美经验要素和健身经验要素。一定的育人目标、基本文化成果和学习活动方式是以上述要素为基础而形成的三种课程成分。课程之所以包含这三种成分，取决于一定的社会需要和学生需要。育人目标的确立取决于社会，是对一定社会要求的反映。

党的十九大报告明确指出：加强社会心理服务体系建设，培育自尊自信、理性平和、积极向上的社会心态。党的二十大报告进一步指出：要重视心理健康和精神卫生。如果心理健康类课程达不到党和国家的方针政策要求，就无法培养出积极健康的学生。因此，教学目标是课程建设的基础要素，要实现课程目标，需要制定相应的教学内容。教学内容来源于已有的、在一定范围内被认可的人类文化成果。这些成果通过有序组织、合理规划逐步实现教学目标，如果没有这部分，教学目标便无法达成，课程也不复存在。因此，教学内容是课程的主体。有了课程目标和教学内容，就需要考虑用何种方法将课程内容教给学生，这便是学习活动方式。学习活动方式在很大程度上决定了课程的教学效果，因此它也是目前课程设计领域关注的热点。三种成分相互依存、相互制约。课程目标引领课程内容及学习活动方式，学习活动方式在课程内容与教学目标之间搭建了桥梁。

需要注意的是，课程内部各成分之间不仅相互制约，而且相互矛盾。矛盾主要来自社会的要求、新知识的涌现以及学生需要的变化。例如，目前我国高等教育的教学内容主要来自各个领域稳定的研究成果，教学目标大多集中于理论成果的介绍、科研思维的培养方面。但是，以2022年为例，我国高校毕业生共有1076万人（俞曼悦，2021），当年招收研究生124.25万人（教育部发展规划司，2023），仅占毕业总人数的11.55%，也就是说还有约88.45%的学生要直接进入社会从事具体的工作。一些大学生毕业之后会产生没有学到东西的感觉，表明我们的教育内容与学生需要及社会具体要求之间产生了矛盾。为了解决这一矛盾，国家开启了应用型大学的设计规划，提倡高校的一些专业注重培养专业技术人才。在培养的过程中，让学生从直接经验学习技术的方法早已被淘汰，只有以间接经验传授为主、直接经验传授为辅，结合多种教学方法，才能达成教学目标。总之，由社会要求、知识增长和学生需要的变化引起的课程内部各成分之间的矛盾是经常存在的。这些错综复杂的矛盾中有一个主要矛盾，即学生需要学习间接经验与获取直接经验之间的矛盾。只有正确解决这个矛盾，才能使课程成为达成社会要求和满足学生发展需要的有效媒介。

（二）积极心理学课程本质分析

积极心理学课程就是按照课程本质的要求，从育人目标、教学内容和学生学习活动方式三个基本成分来进行规范与设计。

在育人目标方面，积极教育的根本目的是发现和培养益于人类生存与繁衍的积极天性。作为积极教育最重要的载体，积极心理学课程自然应该承担起实现积极教育的根本育人目标的责任。积极心理学课程的育人目标可以分为两个层次：一是发现积极天性。积极心理学相信每个人身上都有美好、善良的一面，积极心理学课程能帮助学生发现这些美好的品质。二是培养积极天性。人生会有很多艰难困苦，积极心理学希望学生在遇到生活的悲伤与苦难时能够很好地利用积极的天性渡过难关，能够看到希望，进而享受幸福人生。

教学内容指的是积极心理学课程的学习内容。积极心理学的教学内容来自积极心理学家对于人类积极层面（如积极的感受、积极的特质、积极的关系等）的系统、科学研究成果。教师依照学生的心理发展水平和现实需要来采择相关理论及研究成果，使课程内容更具针对性。

在学习活动方式方面，积极心理学课程以经验为载体，引导学生自觉接纳学习内容的方式。它没有强制性要求，更不要求学生系统掌握积极心理学的研究方法。教师对课程进行总体设计，并讲授关键理论和方法。学生通过活动体验和感受发现自己的美好天性和优势，并在教师的指导下掌握保持和充分利用它们的方法，真正实现教师与学生的双向互动。

综上所述，积极心理学课程是指学校根据学生心理发展的规律和特点，以积极心理学的理论和最新研究成果为具体教学内容，运用多种教学方法，有目的、有计划、有步骤地去发现、培养、训练和提高学生的积极性，使学生达成幸福而有意义的人生的一门课程。

第二节　积极心理学课程的价值取向

一、树立积极的教育价值观

积极心理学课程是意在帮助学生达成幸福而有意义人生的一门课程，课程内容中隐含着对教育本身应有的价值的看法。积极心理学课程秉承积极教育的价值观念，认为教育是一份神圣的职业。教师进行教育教学工作是其职责所在，教师能够看到自己的工作对于促进社会发展和人类进步的重要意义。积极的教育价值观还认为，教师承担的是人类文化和智慧培育的事业，是人类文明的创造者与传递者。正如陈宝生（2016）所说："培养造就高素质专业化教师队伍。持之以恒抓好师德建设，构筑覆盖各级各类学校的师德建设制度体系。"教书育人不仅仅是教师糊口的技能，更是其实现自我价值和承担社会责任的途径。

二、树立积极的学生观

学生观是教育者对学生的基本看法，具体是指对学生的角色定位和对学生认知状况的基本认识，主要包括教师对待学生的态度、对待学生进步成长的态度和学生对待学习的态度等。

有的教师认为学生是有缺点的人，教师的作用是改正学生的缺点。秉持这一观点的教师会将自己放到教学活动的主体地位，倾向于向学生灌输正确的观点，学生作为有缺点的人只能被动地接受知识。一些教师盲目采用成年人的标准去要求未成年学生的做法隐含着认为学生先天不足的消极学生观。

积极心理学秉持的学生观是根据学生的心理发展阶段来选择对待学生的态度。比如，在大学阶段，学生的生理已经完全成熟，心理发展接近成熟，此时教师对待学生的态度是既认可学生是成年人，尊重学生的选择以及思想的自由开放，同时又要清晰地意识到大学生仍是发展中的人，有巨大的创新潜能。在对待学生成长进步的态度方面，认为学生是在发展自己的积极特质，或者对原有的消极方面合理地加以利用和控制，最大限度地发挥积极天性在学生成长过程中的作用。在学生对待学习的态度方面，积极心理学强调学生要有主动探究的意愿，学生是整个知识获取过程中的主体，相信学生可以在学习、做事、人际交往和做人等方面有积极进取的心向。

三、树立积极的教学观

简单地说，教学就是教与学的有机结合。在教育过程中，虽有将教学从以教育者为中心向学习者为中心转变的积极取向，但是在实际的教学过程中，仍有很多教师不能看到学生的特点，无法做到因材施教。首先，积极的教学观认为，教学的过程不仅是师生群体交互的过程，更是一个使教师和学生的生命世界共同变得丰富与完善的过程，是师生生命相遇的过程。教学活动需要教师进行一种生命的投入、人格的投入，而不是单纯地进行教学设备的投入。当代教育追求的不单是高级的教育技术，而是教师生命个体对学生生命活动的切身参与，从而真正以人格相互感染的形式，使师生生命之间产生内在的关联。教师秉承这样的教学观点，就会在最大程度上理解学生的需要，看到学生发展的潜能和培养的价值，不放弃任何培养学生的机会，并为学生的自我教育和自我管理创造条件。其次，积极的教学观从教会学生学习知识转向教会学生形成积极的态度、情感和价值观。积极心理学的教学内容意在教会学生关于幸福的知识，这些知识会培养学生的宽容态度，帮助学生形成积极的情感以及适宜的价值观。最后，积极的教学观从重结论轻过程向重结论更重过程转变。积极心理学的教学内容是依据严谨的科学实验得出的科学结论，教师在讲授过程中详细介绍结论的获得方式，不但提高了结论的可信度，更有利于学生通过理解记住结论。

四、树立积极的成就观

我们可以把成就观理解为人们在一定社会背景下形成的理想或目标并渴望其成为现实的一种心理状态（刘宗碧，1998）。积极心理学的成就观包含教师教的效果及学生学的成绩两大部分。积极心理学对教学效果持开放性的看法。教师在讲授积极心理学课程时追求良好的教学效果，并不看一节课传授了多少知识，而是看学生在老师的引导下获得了什么知识。在教学结果方面，也不只是看分数，而是看学生有哪些收获，能否将其运用到实践中。对于成绩不理想的学生，教师不应该放弃对学生的教育，而是寻求各种机会和途径改善教学方法、更新教学内容，使学生获得最大限度的发展。积极心理学教师认为学业成绩的高和低都有其意义。一方面，积极心理学教师相信失败是成功之母，鼓励学生在失败面前勇敢前行，探究失败的原因，及时寻找补偿策略，寻找新的获得成功的机会；另一方面，积极心理学教师认为成功是成功之母，鼓励学生重视成功、追求成功，将成功作为未来发展的基石。

第三节　积极心理学课程的特点

一、积极心理学的温暖特性

与其他心理科普教育相比，积极心理学提倡个体发现自身的长处和优点，并致力于培养和延续这些优势。目前的心理科普教育大多是医学取向的。这一取向以问题为出发点，着重探讨心理问题的表现、预防与干预，注重的是知识的准确传播与表达，在客观、准确、理性的背后给人带来的是一种冰冷感和距离感。积极心理学则更多地注重引导个体体会感恩、幸福和福流（flow，亦称心流）等情感体验，因而积极心理学具有温暖的特性。

冰冷会使人产生恐惧，而温暖能带给人安全感。积极心理学的温暖特性有利于促进学生其他方面的发展。贺莉和李泓波（2017）对在校大学生的调查研究显示，教师知识、教学热情和教学态度对学习成就（包括满意度、价值感、政治素质和道德素质）有积极的正向影响。教学热情对教师知识-学习成就的影响具有调节作用，教学热情越高，教师知识对学习成就的影响越大；教学态度对教师知识-学习成就的影响有调节作用，教学态度越端正，教师知识对学习成就的影响越大。积极情绪的拓展-建构理论认为当个体在无威胁的情境中体会到积极情绪时，会产生非特定性的行动趋向，个体会更加专注并且开放，在此状态下，产生尝试新方法、发展新的解决问题策略、采取独创性努力的冲动。积极情绪通过促进个体积极地思考诸多行动的可能性，从而拓展个体的注意、认知和行动的范围（Fredrickson，1998），这有利于个体应对逆境、建构资源。然而，良好的应对又预示着未来的积极情绪的产生。对于个体发展而言，这是一个螺旋式上升的过程。通过这个过程，个体的幸福感不断上升，并实现个人成长（Fredrickson，2001）。因此，积极心理学的温暖特性能促进人的全面发展。

二、积极心理学的全面性

积极心理学关注学生的所有方面。通过积极心理学对学生进行心理健康教育，不仅要关注有问题的学生，更要关注没问题的学生，也就是关注所有学生的所有方面。心理健康教育的功能包括两方面：一是对心理问题进行识别和调适；二是促进个体的发展。现在的心理健康教育中，很多人比较关注问题学生以及心理问题的识别和预防工作，但对心理品质的发展方面重视不足。积极心理学教学正好弥补了这一不足。

积极心理学从积极情绪入手，认为无论是成绩好的学生还是成绩差的学生都有感恩、福流、幸福感，教师的功能是通过各种手段调动所有学生的这些积极情感。学生通过不断回忆以及在生活中体验到积极的情绪情感，从而调动学生生活的积极性。积极特质理论认为，无论何种学生，处于何种人生阶段，都具有 24 种积极特质，这些特质具有跨文化的一致性（Peterson，Seligman，2004）。积极心理学的教育不放弃任何一个学生，也不放弃任何学生被培养的可能性，教师积极利用多种心理学原理，如罗森塔尔效应激发每个学生的学习动机，促进每一个学生发现自己的积极特质，引导每一个学生找到属于自己的幸福人生，从而达成积极心理学教学的全面性。

三、积极心理学的幸福性

积极心理学以幸福为出发点和归宿。幸福本身是积极心理学教学的一项内容，可以说积极心理学教学是以幸福为起点的。在教学过程中，无论是教学内容的选择、教学方法的筛选还是教学目标的达成，都会考虑让学生以积极的感受获取知识。在教学过程中，教师帮助学生形成能力和智慧，希望学生能够意识到现在生活中的苦难和挫折均对未来的发展有益处，最终帮助学生提高获得幸福的能力。也就是说，积极心理学教学以获得幸福为最终的目标。

《幸福的方法》一书中将幸福分为四种类型（泰勒·本-沙哈尔，2013）：①忙碌型，认为幸福在未来，所以要忍受现在的辛苦；②享受型，认为幸福在现在，所以没有必要考虑那么长远，只要及时享乐即可；③虚无型，认为未来和现在的幸福感受都是不存在的，人生不必追求任何事情，现在的生活和对未来的憧憬都没有意义；④真正的幸福，认为我们不仅要憧憬未来实现目标之后的幸福感，也要感受到追寻目标过程中的快乐感。教师应在教学中分辨这四种类型的幸福，帮助学生找到当下的快乐以及未来的意义，发挥积极心理学课程的幸福特性。

四、积极心理学的支持性

积极心理学的支持性体现在两个方面。

其一，鼓励学生积极探索。积极心理学从积极的角度看待人性，相信学生有好奇心等积极的特质，因此鼓励学生积极探索未知世界，这也从学生角度体现了积极心理学的支持性。在对待学生的态度上，教师同样将学生看作发展的人、处于一定生命阶段的人，教师在教学过程中支持学生在原有基础上发展，这从教师角度体现了积极心理学的支持性。

其二，积极心理学为其他学科提供了良好的支持。首先，积极心理学为德育工作提供了良好的支持。对于部分高校来说，道德教育停留在讲故事、说道理层面，很难深入学生内心，因此课程效果一般。积极心理学的一个重要目标就是用实证主义的方法来培养学生的优势与美德。这种培养目标与我国的思想道德教育目标不谋而合。积极心理学通过大量的实验研究，可以提取有效的实践方法，测评学生独特的品格与优势，并通过开展系统、持续的教学活动，以及采用认知引导、行为指导等教育方法，开发学生的优势品格。其次，积极心理学通过将教育理念与很多其他学科相结合，为其他学科提供支持。例如，教师可以让学生写一篇“描述一个自己处在人生巅峰的场景”的作文，这是一种典型的积极自我干预方法，通过回忆书写来增强学生的成功体验与自信；或者让学生写一篇“描述一件在生活中使用你的显著优势解决问题的事件”的作文，激发学生在日常生活场景中创造性地使用自身优势潜能，以提升自尊水平。针对体育课中的长跑，教师可以先识别出学生的坚毅行为，然后运用行为强化反馈技术来强化学生的这种行为。教师长期使用这种方法进行教学，可以培养学生的韧性。如果教师观察到学生做题时常处于焦虑状态，可根据福流理论中的挑战与难度相匹配的原则，及时帮助学生调整任务难度，使他们进入高度投入的福流通道。总之，教师可以在传统课程的教学过程中嵌入积极心理学的核心理论，诸如目标设定理论、福流理论等，从而达成教学目标。当一名教师深谙积极心理学理论时，就能够在自己的日常教学中自如地使用适合的教育方法。最后，将积极教育的理念和方法贯穿于师生之间的日常交流中。推行积极教育理念和教育目标不仅限于在课堂上使学生受益。积极教育是一种思维方法、一种指导原则，教师还可以在课堂外向学生传播积极教育的理念。教师可以在与学生的日常对话中通过积极、适时、有效的回馈技术，增强学生的品格优势、强化学生的品格行为，以及使学生形成成长型思维模式。例如，一位真正发自内心热爱数学、能体会到数学之美的教师，无须说明数学怎样重要，学生就会因教师的言行自然地被数学吸引，也发现数字之美；一位活得精彩的教师，无言之中便能够感染学生，让学生反观自己，在生活中窥见生命之美。

第四节　积极心理学课程的设计原则

一、发展性原则

如前所述，积极心理学关注所有学生的所有方面，以幸福为教育的起点和目标，这就要求教师在进行课程设计时遵循发展性原则。基于发展性原则，教师首先要了解学生的心理发展规律。依照埃里克森的发展阶段论（Erikson，1977），大学生处于自我同一性与角色混乱时期，积极心理学课程以发展的眼光将学生向建立自我同一性的方向引导。

当然，课程的设计要走在发展的前面，也就是说，积极心理学的教育要求应高于目前学生的心理发展水平，使学生向心理上的“最近发展区”发展。这一要求来源于心理学家维果斯基的最近发展区理论（Vygotsky，1978）。维果斯基认为，教学任务只有处在学生的最近发展区内，才能有效地促进学生的发展。在完成一个阶段的发展之后，积极心理学课程应依照学生的最近发展区和下一阶段的课程内容，鼓励学生向着更加有意义、更加幸福的人生迈进。

二、主体性原则

积极心理学课程应该承认和尊重学生的主体性地位，激发和调动学生自我发展的自觉性与积极性。原因有二：其一，学生是心理发展的主体。教育通过对学生提出要求，使学生发展的新需要与原有的心理发展水平之间产生矛盾，这种矛盾运动是学生发展的内在动因。积极心理学课程教学就是要促进学生自觉和主动地发展。其二，学生的心理特点要求教师遵循主体性原则。大学生处于自我意识趋向成熟的阶段，他们的理想自我与现实自我逐步清晰，有强烈的追寻理想自我的动力，积极心理学课程应该在此基础上对大学生进行教育。

主体性原则要求教师在组织课程内容和活动时充分考虑学生真正的需要，选择大学生关心且熟悉的内容，活动的安排贴近学生生活，这样才能唤起学生的兴趣，激发学生的主动性和积极性，真正让学习变成学生的自觉要求。

主体性原则还要求课程在实施的过程中发挥学生的主动性和积极性。积极心理学的教学强调学生的主动领悟，因此教师在进行课程设计时要突出学生的主体性地位，在组织活动时让学生扮演主角，在活动分享过程中鼓励学生敢表达、多表达，使学生在探索的过程中获得安全感。在此过程中，教师只需把握好方向。

三、活动性原则

一部分积极心理学课程需要通过活动来促进学生感悟与发展。活动是指主体与客观世界相互作用的过程。人通过活动感受客观世界，又通过活动反作用于客观世界，活动构成了心理发生、发展的基础，人的心理品质也在活动中形成。

很多积极心理学理论深奥难懂，但教师可以通过一些实践课程内容的设置让每个学生在活动中感受和体验这些理论内容，在活动中接受训练和获得启示，或在活动中实现领悟和发展。

贯彻活动性原则要注意以下几点：活动的组织要符合学生心理发展的需要，与学生的年龄特征相适应；活动的安排要体现新颖性、时代性和兴趣性，让学生愿意参加；设计活动时要考虑让每个学生都能参与，使每个学生都能进入角色；活动的开展要便于学生流露真情，让学生在活动中敞开心扉；活动的内涵有一定深度，能够引发学生的思考；要注意进行多种训练和练习，可以有适当的变式和重复。人的心理是在活动中发展起来的，但不一定一次就能形成，因此应该设计有同质性的训练，让学生反复练习。

四、全体性原则

积极心理学课程面向的是全体学生，是为所有学生服务的，旨在培养全体学生良好的心理品质、开发全体学生的心理潜能，促进其整体素质的提高。因此，教师必须在积极心理学课程中贯彻全体性原则。具体来说，在制定课程时，教师要着眼于全体学生；在确定教育内容时，教师要考虑全体学生的共同需要；在活动安排上，教师要注意给每个学生都提供机会，促使全员参与。

渴望自己的内心世界被他人了解，同时也渴望了解他人的内心世界，是学生共同的心理追求。他们会寻求机会展示自己的才华、特长、爱好、兴趣和个性，虽然每个学生表现的方式不尽相同，但希望得到老师和同学的认同、接纳与欣赏的愿望是相同的。积极心理学课程要充分关注学生的各种需要，尽可能地为每个学生创造和提供展示的机会。教师的着眼点应该是所有学生，并注意让那些平时不太引人注意、没有展示机会的学生受到关注，给予他们足够的机会。实践证明，这些学生在参与中得到的收获往往更多。

当然，在注重全体的同时，教师也不可忽视有特殊需求的个别学生。教师要关注这些学生，给予其及时、具体的帮助，这种帮助最好是不露痕迹的，这样可以维护他们的自尊。

五、相容性原则

积极心理学课程要求教育者与受教育者之间保持人格上的平等、情感上的相容，教师营造出无拘无束、相互交流的氛围，形成师生、生生之间最佳的“场”，这样能对学生心理发展起到更好的促进作用。

相容必须相互尊重。教师要尊重学生的人格与尊严，尊重学生的权利和选择。教师应以平等、民主的态度对待每个学生，使得学生在情感上接纳教师，形成师生之间的情感相容。

相容必须坦诚相待。教师要对所有的学生一视同仁。学生的情况各不相同，无论对什么样的学生，教师都应该胸怀广大、真诚接纳、以礼相待，而不能厚此薄彼。

相容必须相互信任。积极心理学课程取得成功的关键在于信任，情感上的相容也在于信任。师生之间只有建立真正的信任，学生才能在辅导活动中具有安全感而自愿投入。信任是一种感召力量，可以增进自信和勇气，促使学生敞开心扉，自觉接受他人的引导，获得收获和提高。

相容可以促进合作，形成轻松、平等、和谐、愉快、融洽的气氛。这一氛围能够促进师生、生生之间的合作，因为合作需要真诚、诚挚、理解。合作又会给学生带来喜悦，促进学生自我了解、自我接纳、自我发现和自我完善。

六、科学性原则

塞利格曼在建立积极心理学之初便要求积极心理学的研究以实证主义哲学为理论基础。积极心理学课程的教学内容、课程设计、教学模式、实践活动等皆以实证、定量的心理学研究结论和证据为基础。积极心理学持续发展的动力引擎在于庞大的科研活动。在各国的积极教育实践项目中，心理学家、行为学家、统计学家都在积极地进行定性和定量研究。他们不断地去观察、假设、验证、修正积极教育的理论基础、实验操作方法。以积极情绪为例，众多研究发现，每天写下3件值得感恩的事情，在1周、1个月、3个月后，人的幸福感会持续地提升，而抑郁水平会持续地下降。

很多实施积极心理学教育的学校会采用成熟的测评方法（如信效度较好的量表、结构化访谈、田野调查等）对学生的身心状态进行定期测量，以掌握学生各项身心指标的变化，这样家长与学校能清楚地认识到积极教育实践项目改善了哪些方面。这些数据也能帮助教育者、心理学家有针对性地对课程进行反思、调整和提升。

第五节　积极心理学课程的教学目标

一、传授理论知识，注重信念改变

知识是人类在总结以往经验和理论分析基础上得出的思想成果。但部分大学教师将学生看作容器，教师的教学就是不断地向容器中灌输知识。而仅仅关注知识是不够的，我们还要关注如何去解释它。比如，去参加考试，考试满分为100分，目标是得90分以上，结果只得了75分。对于同样的客观信息“目标是得90分以上，结果只得了75分”，人们会有两种截然不同的解读：一种认为是灾难，认为自己真是太失败了，然后灰心丧气，一蹶不振，失去动力；另一种认为是机遇，增强了动力，会去思考学到了什么、还需要在哪些方面努力。还有一个更普遍的例子是，很多人生活顺利、富裕，但并不快乐；而另一些人，虽然看起来拥有的并不多，但他们在生活中总能感受到幸福。因此，对于学习，重要的不是获得了什么知识，而是如何解读这些学到的信息。积极心理学教学的首要目的就是在理论层面改变学生对现实事物的解释，利用这些解释帮助学生建立积极的信念。

二、教授生活常识，关注现实应用

积极心理学课程会讲授很多貌似熟悉的内容，如幽默、感恩、兴趣等。初学者会觉得这些东西没什么新鲜的，都是常识。但是，伏尔泰（1991）曾经说过，常识并非那么平常。特别是将常识应用到实际生活中，不是每个人都能做到的。积极心理学课程会提醒学生将已经知道的东西或者是内心深处的美好挖掘出来，教给学生将这些美好应用于现实生活的技巧，让常识在普通的生活中得到广泛应用。比如，感恩是我们日常生活中最为基本的道德常识。在这部分内容的教学中，教师首先会用经典实验带领学生回顾感恩的好处；接着分析有些现代人不会感恩的各类原因；最后让学生重新审视自己平凡的生活，理解如常的生活是珍贵的，从而体会感恩这种常识在生活的每一个细节中都能展现出来。对学生而言，虽然将感恩应用到生活中的每一天比较困难，但它可以切实提高学生的幸福感水平（张定燕等，2018）。同时，教师会带领学生学习树立感恩的方法——每天记录 3 件值得感恩的事或者 3 个值得感恩的人。

三、摆脱各种束缚，成为更好的自己

积极心理学教学要发掘学生自我发展的潜能，让他们成为更好的自己。积极心理观认为，我们每个人都有积极的潜能，这种潜能一直存在，只是有些人没有发现，或者被其他东西掩盖了，我们要发现它、利用它。比如，曾有记者问米开朗基罗是如何创造出《大卫》这一巨作的，米开朗基罗回答：很简单，我去了趟采石场，看见一块巨大的大理石，我在它身上看到了大卫，我只要凿去多余的石头，留下有用的，大卫就诞生了（转引自刘文斐，2023）。这个故事抓住了积极心理学课程的精髓，即“凿除多余石块”，也就是摆脱限制。当今社会，很多无形的障碍或者对失败的恐惧限制了很多人的发展，但我们的潜能是天生的，积极心理学课程就是要促使学生摆脱各种束缚，成为更好的自己。

四、助己理解幸福，助人获得幸福

如果有人问："你幸福吗？"你会如何回答？你是否会想自己比某某过得好，就算幸福了？或者是超过某个数值就算幸福了？事实上，幸福是一个连续的统一体。我们希望学习积极心理学课程的学生能知觉到自己已经拥有的幸福资源，将这些幸福资源更好地挖掘出来，为自己的成长和提高提供助益。积极心理学要求个体不仅仅关注自己，也关注自己与周围人的关系。因此，积极心理学的课程目标不仅包括个体要学会积极心理学的理论、技巧和方法，以及态度价值观和实践技能，还希望教授学生如何将学到的知识分享给他人，建立和谐友好的人际关系，帮助周围的人获得幸福。

第三章

积极心理学课程的基本框架

一门课程的主体在于其内容，它是教育目标的载体和实现路径，能够反映这一学科领域的发展情况。本章主要介绍积极心理学课程的主要框架，该框架的设立主要采纳了塞利格曼有关积极心理学主要研究内容的观点。第一节主要介绍积极的感受，包含幽默、乐观、感激、自尊和幸福五部分内容；第二节主要介绍积极的特质，包含兴趣、天赋与智慧、积极的人格特质和积极的价值观等内容；第三节主要介绍积极的关系，包含积极的浪漫关系、积极的友谊和积极的社会关系三部分内容。

第一节　积极的感受内容要点

本节从幽默、乐观、感激、自尊和幸福五个部分介绍积极的感受的教学内容要点。

一、幽默

“幽默”部分的教学设计可按照什么是幽默、为什么产生幽默的感觉、幽默的功效以及如何培养幽默的逻辑顺序展开。通过比较美国的《时代百科全书》、中国的《辞海》《现代汉语词典》《修辞学词典》等对幽默的定义，笔者认为幽默类似一种高峰体验和心流，这种感受是个体在特定环境和情景中感受到的自己的潜力。

1. 幽默产生的原因

为什么会产生幽默的感觉？教学时，教师可从幽默理论出发加以解释。

1）幽默的生理理论（Abel，2002）。幽默的生理理论主要研究幽默刺激与外显的生理行为或现象之间的关系，进而试图说明内在的感觉，认为幽默会引起生理的唤起或兴奋状态，而幽默的反应是为了使生理的唤起或兴奋状态得以释放或缓解，通过缓解而产生快乐的感觉。其代表性理论为过剩能量释放理论（西格蒙德·弗洛伊德，2000）、唤醒启动-唤醒回复理论和心理逆转理论（杨洋，2010）。

2）幽默的动机理论。就幽默的心理情感动机而言，该理论主要强调人们的特殊情感或内在动机对幽默的影响，也间接探讨社会文化背景下人际关系和团体组织中的角色扮演与幽默的关系。相关研究综述（李龙骄，王芳，2022）曾指出：幽默的内容多半包含着社会道德所压抑的想法，如性、攻击、嘲笑、讥讽等。因此，心理学家认为，幽默具有很好的宣泄功能（Prerost，1995，1975），能够有效地降低被试的攻击性（Ziv，1987），而且通过幽默，人们可以以一种较委婉、易被社会大众接受的方式表达个人的态度与价值观。教师在教学中可以选择介绍幽默的心理动力理论、幽默的优势理论和幽默的错误归因理论。

3）幽默的认知理论。接受者在观看或听到幽默刺激之后，在脑中经历何种过程及认知状态的变化才会产生幽默的感觉？该理论意在探讨这一问题。该理论认为，幽默刺激包含幽默结构和幽默内容两部分。幽默结构是指刺激的呈现方式以及刺激间所形成的相互关系，幽默内容则是指幽默刺激所指涉的意义或内容。幽默认知理论的研究者所关心的是幽默刺激中的幽默结构，而非幽默内容。教师可选择介绍幽默的优势理论（Clouse，Spurgeon，1995）、失谐理论（Singhabumrung，Juntakool，2004）、失谐-解困理论（Suls，1972）。

2. 幽默的功效

进行积极心理学教学时，教师可以从幽默的内在心理功效和幽默的社会效益两个方面对幽默的功效进行分析。

1）幽默的内在心理功效。首先，幽默可以协调人际关系。人是群居动物，在生活中不可避免地要与其他人打交道。但是，不同的人在一起交往会产生不同的思想、不同的行为。在协调这些不一致的思想和行为方面，幽默是一种重要的方法。幽默风趣，妙语连珠，可使交际双方很快熟悉起来。在商务、外交等事务中，幽默的谈吐能活跃气氛、建立感情，增加与对方的亲切感。当谈判陷入僵局时，缺乏幽默的人可能会把事情弄得越来越糟，而有幽默感的人却不同，因为幽默在某些情况下会产生一种神奇的效果。可能一句幽默的话就会拉近人与人之间的距离。其次，幽默可以让人乐观进取。幽默者能从生命悲剧之中发现喜剧，潇洒、从容地与之周旋、嬉戏，并从中积蓄生存的胆量与耐力。在困惑纷至沓来的人生中，幽默会帮助我们化被动为主动，以轻松的微笑代替沉重的叹息。幽默会带来笑声，缓解生活的压力，让我们轻装前进，对前途充满信心。最后，幽默可以展示魅力。幽默要求个体有较高的文化素养和较强的语言运用能力，是思想、智慧、学识和灵感的结晶，幽默风趣的语言风格是个体的内在气质在语言运用中的外化表现。

2）幽默的社会效益。有些幽默作品不仅提供了曲折而又真实的图画，而且通过这样的图画寄寓创作者的某种社会理想与审美观念，表现出创作者对生活的态度与评价，这时幽默便不同程度地具有干预生活的功能。其中，否定性幽默通过否定丑来使人们愉快地向陈旧的、消极的生活方式告别，肯定性幽默则通过肯定美好来使人们欢笑着向新生的美好的生活前进。

3. 幽默感的培养

幽默感的培养主要分为六个步骤：①将让人感到快乐好笑的事情写进日记，

让大脑养成一种模式——总能找到生活中好笑的事情。②观察幽默的人。当你观察幽默的人时，你能从他们身上学到表现幽默的一些规律。通过网络也可以学习很多幽默的方法。③两问处理法。两问即问“为什么我这么幽默？”“为什么别人没有发现我很幽默？”从不断的询问中找到让自己变得更加幽默的具体方法。④允许自己低人一等。⑤寻求平衡，即让生活多一些变化、丰富多彩，心情会随着多彩的生活发生变化，也就达到了幽默的目的。⑥全力以赴。当我们了解了如何变得幽默的方法，应竭尽所能地练习以上方法，并熟练应用。

二、乐观

1. 乐观的解释性内涵

研究者认为悲伤和乐观来自于个体自身的解释（马丁·塞利格曼，2020），这种解释包括三个方面：①永久性。它是指当遇到坏事时，悲观的人容易相信这件事会一直持续下去，永远影响自己的生活；而能够抵制无助感的人相信厄运是暂时的。当好事发生时，悲观的人会认为这件事是偶然的；而能够抵制无助感的人相信好事是可以延续一段时间的，会一直影响自己的生活。②广泛性。它是指悲观的人认为坏事情是由普遍的原因造成的，而好事情是由特殊的原因造成的；乐观者则认为坏事情的发生有其特定的原因，而好事情的发生会增强他做每一件事情的信心。③自尊。它是指当坏事发生的时候悲观的人会责怪自己，认为是自己无能导致问题发生，而乐观的人却认为有他人的因素在起作用；当好事发生时，悲观的人认为是他人的因素起决定性作用，自己只是辅助，而乐观的人认为自己起到了重要作用，他人是辅助。

2. 乐观的益处

乐观可以为一个人的事业成功奠定基础，例如，乐观可以使一个人在运动场上获得冠军，可以提高个体的免疫力，可以提高个体的领导力。

3. 如何变得乐观?

要想让自己变得乐观，主要有以下几种策略可供使用。

1）乐观人生的 ABCDE。该理论起源于艾利斯（Ellis）的理性情绪理论（教育部社会科学研究与思想政治工作司，2002）。第一步，论述在哪些情况下可以乐观，哪些情况下不能乐观（如喝酒之后开车等），也就是识别 A（adversity，情境）。第二步，要辨认生活中的 ABC（B，belief，想法；C，consequence，行为）是如何运作的。第三步，在生活中记录情境（A）—想法（B）—行为（C）。第四步，也是非常关键的一步，就是反驳（D，disputation）和激发（E，energization）。

2）寻找更高的精神追求。社会不断发展，一些人的自我意识不断膨胀，同时公共意识逐渐丧失，生活失去了高层次的追求，从而可能出现抑郁。为了打破抑郁的绝望症状，可以打破一些习惯，从事一些公益活动，与乞讨者聊聊他的经历，教导孩子如何帮助他人等。总之，在这些助人的工作中，我们会找到生命的意义与价值，走出抑郁，收获乐观。

3）乐观可以有弹性。我们不必一直强迫自己乐观，只需要掌握乐观的技术。当碰到挫折时，我们可以拿出反驳的“法宝”来打退大祸临头的想法，随时选择性地使用这些技术，而不必担心自己成为乐观的奴隶。

三、感激

在《牛津高阶英汉双解词典》（霍恩比，2018）中，“感激”有一层含义是“增值”，它具体是指当感激生活中他人的善良时，好事会增多。反之亦然，当我们不能欣赏自己或他人时，好事就会贬值。即便感激有诸多好处，但是人们并不一定会感激。例如，当我们对于生活中的好事习以为常，如安全的生存环境、便捷的出行方式等，这些生活条件看似很普通，以至于我们忘记了这些是值得感激的。

培养感激可以从以下几个方面着手：①不再把好事当成习以为常的事。②审视平凡的每一天。每天找出一两件值得关注的事，不管是什么，都努力去发现其中微小的美好。③创造美好的事。无论在社会层面还是家庭层面，我们都要努力宣传好人好事、幸福的家庭故事。因为从感激的定义可以看出，我们感激好的事情，好事出现的概率就会提高。④保持新鲜感。保持新鲜感的一个方法是变着法儿来做，还有一种方法就是用心创造出新的差别，用心发现生活中的美，这可以让我们可以持续地保持感激心态。

四、自尊

自尊是衡量幸福感的指标之一。对于自尊，国外学者有四种观点：①技能取向，认为自尊是个体对自己抱负的实现程度（转引自车文博，1998）；②认知取向，认为自尊是基于自身品质而做出的自我判断（Steffenhagen，1990）；③情感取向，认为自尊是个体通过社会比较产生的有关自我价值的评价和体验（Coopersmith，1967）；④结构取向，认为自尊包括自我能力和自我喜欢两个维度，自我能力是指对自我价值的评价，自我喜欢是指对自我的接纳程度（Tafarodi et al.，1999）。国内学者主要从自我的积极评价和态度体验的角度定义自尊（林崇德，1995；魏运华，1997）。积极心理学领域的研究者从自我体验的视角来考察自尊，认为自尊源于价值体验，也会引发价值体验，即自尊通过自我价值感构建，而自我价值体验本身就具有终极性意义（郑雪，2014）。自尊研究的范式从早期测量阶段发展到中期行为实验研究阶段，再发展为认知实验研究阶段，使得自尊的研究从外显自尊转向内隐自尊，从自尊的纯理论研究转向自尊的应用研究，从对自尊行为的研究转向对自尊神经机制的研究（张丽华，李娜，2015）。

自尊萌芽于幼儿期，在学龄初期稳定，在青春期逐步发展。研究发现，青春期男孩的自尊比女孩稳定（闫向博，2019），大学生的自尊稳定性不存在性别差异（郭志刚，2018）。张艳和王妍（2016）认为，个体的自尊依照其成长的历程可以分为依赖型自尊、独立型自尊和超越型自尊三种类型。依赖型自尊的人对自己的价值评价来源于他人的评价，对自己的成就的评价来源于与他人的比较。独立型自尊的人对自己的价值的评价来源于对自己的评价，对自己的成就的评价来源于与自己原有的成就的比较。超越型自尊的人对自己的价值的评价来源于事物本身具有的意义，对自己的成就的评价来源于该事物是否有利于促进团结与协作。

以下策略可用于增进自尊：①重视追求自尊的过程；②进行行为干预与训练；③重视亲密关系与社会支持的作用；④保持自尊需要与现状需要的动态平衡。

五、幸福

幸福具体能给我们带来什么？第一，幸福的人可能更聪明，因为其有积极的情绪。积极的情绪在漫长的进化历史中扩展了我们的智力、身体和社会资源，可以增加我们在面临威胁或机会时可动用的储备资源。第二，幸福感让我们更健康。幸福感作为一种高级情感会使人好动，而好动可以构建身体的资源。第三，有幸福感的人朋友多。因为有幸福感的人有一个共同特点，就是具有利他行为，利他行为又是促进人际交往的重要手段。

幸福感的维持受多种因素的影响，包括幸福的范围、生活环境以及自己可以控制的因素。研究发现，幸福有一部分由基因决定（Lykken，Tellegen，1996），它控制了幸福的范围。好的生活环境会提高幸福感，然而生活中的各种因素对幸福的影响方式并不相同，例如并不是钱越多越幸福。拥有更多消极情绪的人也会有很多积极情绪，只不过这些人的积极情绪要比幸福的人少。随着年龄的增长，老年人的愉快情绪略微下降，而不愉快的情绪没有变化。生病不一定会影响幸福感，只有同时被多种疾病侵扰才会影响幸福感。在性别差异方面，女性的幸福感和不幸福感都比男性强烈。

那么，要如何提高幸福感呢？①要放下过去，因为经常查看过去的伤口相当于每次都把伤口揭开，不利于伤口愈合；②要抓住现在的幸福，无论是低层次的身体愉悦还是高层次的精神愉悦都应抓住；③增加各层次的愉悦感，具体的方法包括保留能唤醒愉悦记忆的东西、创造福流体验等。

第二节　积极的特质内容要点

一、兴趣、天赋与智慧

1. 兴趣

兴趣指个人力求接近、探索某种事物和从事某种活动的态度与倾向，亦称“爱好”，是个性倾向性的一种表现形式（车文博，2001）。心理学家研究兴趣时主要关注三个方面：①休闲的兴趣。研究发现，几乎每个人都报告自己有休闲方面的兴趣；人们用在休闲上的时间各不相同；花在休闲活动上的时间是生活满意度的预测指标（克里斯托弗·彼得森，2010a）。②学校兴趣，是指对于学校的哪一门科目投入更深层的智力和情感。拥有成熟的学习兴趣的人总对新鲜事物感兴趣，并努力去了解某一学科的知识内容。他们的内在动机比较强，即使面对苦难和失败，也会一如既往地保持学习热情。这类人不会马上取得卓越的成就，但经过不断的努力，他们会成为某一领域的专家或卓越的成功者。③工作兴趣，是指对于未来职业的幻想。要实现这一理想，可以让大学生在寒暑假尝试不同种类的工作，在做这些工作的过程中，让他们与成年人聊聊工作的真正意义。

2. 天赋

关于天赋的最早研究可以追溯到高尔顿（Galton）对卓越人士的逆向追踪调查。高尔顿认为，天赋主要靠遗传习得。现代天赋理论则将天赋放在更加多维的框架下加以理解，其中比较有影响力的理论包括伦祖利（Renzulli）的三环模型、加德纳（Gardner）的多元智力理论以及斯滕伯格（Sternberg）的智慧-智力-创造力综合模型。天赋与遗传和环境因素密不可分。对天才儿童的家庭影响因素的重复研究部分支持了天才来自遗传的观点（Winner，2000）。天才儿童会因其天赋而得到更多的训练，即天才儿童可能会受到激励去发挥他们的遗传天赋。生长在支持性环境较好家庭的天才儿童，比生长在支持性环境较差的家庭的天才儿童表现出更好的适应能力和更高的运用天赋的能力。有关天才的脑机制研究发现，高智力者可以更迅速地做出决定，聪明人在从事自由活动时想得很多，但是在解决一个特定问题时又可以使用较小的能量来有效地利用大脑（Neubauer，Fink，2009a，2009b）。

3. 智慧

有关智慧的理论众多。埃里克森将智慧作为人格发展的最后阶段（Erikson，1968）。斯滕伯格将智慧作为一种内外的平衡（Sternberg，2003）。获得并保持智慧一直是人类追求的目标。对于有天赋的孩子来说，应该帮助他们适应环境，接受主流学校教育以及能满足其特殊能力需要的额外教育，如设计能够满足他们需求的作业；加入同样由天才儿童构成的同辈群体；给予其足够的发展空间，提供一定的支持。

培养学生的智慧可以从以下方面入手：其一，在生命全程中，引导学生直面自己的失败、失望和冲突，并把成长中的不完美和缺陷整合为一个完整的人生故事，而不是选择逃避；其二，引导学生对成功和失败保持豁达的态度；其三，引导学生认可父母为自己做的一切，承认父母虽然不完美，但是值得爱的；其四，引导学生认可目前的人生规划；其五，引导学生认识死亡是不可避免的。

二、积极的人格特质

早在两千多年前，中国古代的思想家就开始探索人格问题，其中具有代表性的有《周易》的理想人格理论、儒家和道家关于理想人格的阐述等。他们赋予尧、舜、禹、汤、文、武、周公等古人许多功绩、才能和人品，以此来传播自己的思想。从西方有关积极人格与积极特质的理论来看，西方哲学家和思想家也很早就关注到了积极特质与幸福的关系。他们不但深入思考和论证了积极特质与幸福的关系，而且积极努力地使他们的观点在社会中广泛流传，让社会大众也认同这样的幸福观。其中，德谟克利特、柏拉图、奥古斯丁等的观点具有代表性。

彼得森和塞利格曼全面提出了积极人格优势理论（Peterson，Seligman，

2004)。他们基于文献综述提出六种广泛存在的优势美德，又在各种美德中细化出相关的人格特质，从而构成了完整的积极人格理论。

1. 智慧和知识优势

智慧和知识优势（strengths of wisdom and knowledge）包含获得和应用知识从而获得美好生活的积极特质，属于认知的力量。有很多人格优势具有认知成分，如社会智力、公正、希望、幽默和灵性等，这也是很多哲学家认为智慧是主要的美德、是其他美德的基础的缘由（Jonkers，2020）。研究者认为，有五种人格优势具有显著的认知特征，分别是创造力、好奇心、思维开阔、好学和洞察力（Peterson，Seligman，2004）。

2. 勇气优势

勇气优势（strength of courage）是指不畏内在或外在压力，决心达到目标的积极特质，属于情绪优势。一些哲学家认为美德具有矫正性功能（邢哲夫，2018），因为它们能够消除人类处境中所固有的一些困难。是否所有的性格优势都具有矫正性，还不明确，但是有四种人格优势明显具有这种特性，分别是勇敢、恒心、正直、热情。

3. 仁慈优势

仁慈优势（strength of humanity）是指关心与他人的关系，乐于助人的积极特质，属于人际优势，包括爱、友善和社会智力。

4. 正义优势

正义优势（strength of justice）是指与个人、群体或社区之间的良性互动，具有广泛的社会性，属于健康社会的文明优势，包括团队合作、公正、领导力。

5. 节制优势

节制优势（strength of temperance）是抵制过度的积极特质，包括宽恕、谦逊、谨慎和自我节制。宽容和怜悯可以抵制过度的仇恨，谦逊可以抵制过度的自大，谨慎可以抵制眼前的愉悦，自我节制可以抵制各种使人动摇的极端情绪。

6. 卓越优势

卓越优势（strength of transcendence）是使自己与全宇宙相联系，从而使生命具有意义的积极特质，包括审美、感激、希望、幽默和灵性。

可以具体从每种特质入手对积极人格优势进行培养。例如，为了培养智慧和知识优势，学生可以报名参加诗歌、摄影、雕塑、素描或者油画等课程，也可以选择家里的某样东西，探索其非常规用途，还可以创作一首诗歌，把它写在明信片上寄给远方的朋友。为了培养勇气优势，学生可以尝试在团队中支持一种不受欢迎的观点，也可以在见到不公正的事情时将提起诉讼作为一种解决问题的方法，还可以去做一件平时因为害怕而不会去做的事。为了培养仁慈优势，学生可以去参加志愿者服务活动。为了培养正义优势，教师可以鼓励学生参与线上庭审活动。为了培养节制优势，学生可以在身体允许的情况下考虑16+8饮食法控制一下自己的饮食。为了培养卓越优势，教师可以请学生每天观察生活中美好的细节，并用图片、视频、文字等形式记录下来，尝试理解它们的积极含义。

三、积极的价值观

（一）价值观的概念

价值观是由个体和/或集体成员共同持有的关于期望目标的信念。价值观不是抽象世界的概念，其受到人的世界观的影响。价值观在生活中与很多概念类似，但它与态度、特质、规范、需求等概念有本质的区别。价值观的特点在于，它可以超越特定的环境，指导我们做出行动，对他人和自我进行评价，并且可以根据重要性对其进行排序。

（二）价值观的功能

价值观所有的功能都有助于实现美好生活，主要体现在以下几个方面：①价值观是行动的标准。对于个体来说，价值观不仅仅意味着行动的目标，还是评价目标的标准。价值观是一种理想的标准，现实生活中往往不能一次性实现。当一个人的具体行为与其所持有的标准不太一致的时候，其就可以调整自己的行为，不断趋近于理想的价值标准。②价值观具有表现力。我们会把与价值观相关的话语以标语的形式张贴出来。我们也会一遍遍向别人宣传自己喜爱的座右铭，是否按座右铭所说的去做并不是最重要的，但座右铭是我们表现自己价值观的一种方式。③价值观具有社会功能。处于同一集体中的人通常具有相同的价值观，这也可以被看作集体存在的特征之一。它解释了集体为什么能产生，人们为什么会加入这一集体，以及为什么集体能够持续地存在下去。④价值观能规范团体内部行为。共同的价值观可以通过明确的团队规则来有效地规范集体内部成员的行为，这样团体成员就不必重新制定标准。⑤价值观可以作为评判其他团体的标准。

（三）价值观的结构

价值观有不同的分类方式和结构。研究的先驱米尔顿·罗克奇（Rokeach，1973）根据人们识别出的终极价值筛选出 18 种积极的价值观，主要包括舒适的生活、振奋的生活、成就感、和平的世界、美丽的世界、平等、家庭安全、自由、幸福、内在和谐、成熟的爱、国家的安全、快乐、救世、自尊、社会承认、真挚的友谊和睿智。奥尔波特等（Allport et al.，1960）则根据哲学家和心理学家斯普兰格（Spranger）的人格类型理论总结出人类有六种价值观，包括经济型、理论型、审美型、社会型、宗教型和政治型。政治学者罗纳德·英格尔哈特（Inglehart，1971）根据马斯洛的需要层次学说，对不同群体的人关注的价值目标进行了区分。哲学家博克（Bok，1995）从全世界人广泛持有的价值观中提取了共性价值观。

近年来，心理学家通过研究得出的价值观内容大体上是一致的。这一点得到了施瓦茨等（Schwartz，Sagiv，1995；Schwartz，1992，1994）的研究的支持。施瓦茨首先分析了人们提出的价值观，接着去比对这些价值观之间的关系。他和同事反复对比了 70 个国家的价值观，得出了非常相似的结论，即世界范围内共有 10 种价值观：①成就。在与社会标准相一致的前提下，通过展现自身能力而获得个人的成功，如功成名就。②善心，即在个人的社交圈里，保护和提高他人的利益与幸福，如乐于助人。③遵从，即不做违反社会规范或社会期望的行为。④享乐，即个人满意和愉悦，如享受美食和休闲等。⑤力量，即社会地位、名望、优越性和对其他事物的控制能力，如社会认可度。⑥安全，即社会的安宁、和谐和稳定，如法律和社会秩序。⑦自我指导，即独立的思想和行为，如自由。⑧刺激，即生活中的兴奋、新奇和挑战，如多样性。⑨传统，即尊重和接受所处文化或宗教的规则，如虔诚地信仰某一宗教。⑩普遍性，即理解、欣赏和保护人类社会及自然界中的一切，如社会公正、公平、环保。

（四）树立正确价值观的方法

要树立正确的价值观，需要做到以下几点。

1. 获得正确的价值观

当涉及价值观的问题时，我们的立场往往会很坚定。那么，这些价值观来自哪里呢？理论家的研究表明其来自社会化和学习。从积极心理学的优势来看，人们有可能通过如下过程获得价值观：先询问什么是正确的，再做出选择，这些选择日后就形成了一种价值观。然而，这并不是把获得价值观的过程简化为奖励、模仿或寻求一致性的自动过程。

2. 从我们的文化及其优先级来做出解释

获得某种价值观要经历一个心理过程，但我们为何会偏爱某些价值观这一问题仍然未能得到有效解决。研究者尝试从自己所处的文化及其优先级来进行解释。密歇根大学的政治学家英格尔哈特（Inglehart，1971）认为，一个国家强调的价值观与其政治、经济状况密切相关。一般而言，随着工业化的实现，人们在价值观上开始追求民主、自由和长久。一个国家的价值观的改变往往要经历代际更替的过程。这并不是因为特定的个体改变了人们的价值观，而是在不同环境中成长的年轻一代与他们的父辈或祖辈的价值观优先级有所不同。然而，在一个国家内，人们是否有积极的价值观与幸福感无关。

3. 发挥媒体的作用

媒体在积极的价值观形成过程中有一定的作用，媒体需恰如其分地展现这个世界，展现出什么是美、什么是丑，从而为人们提供一系列可选的积极价值体系。

第三节 积极的关系内容要点

一、积极的浪漫关系

（一）浪漫关系的形成条件

对于积极的浪漫关系，我们从浪漫关系的形成条件开始讲起。

两性关系始于相互吸引，因此形成吸引力的条件是本部分首先要介绍的内容。人与人之间产生吸引力的最基本假设是他人的出现对于我们有奖赏意义，可以是与他人交往产生的直接奖赏，也可以是与他人有关的间接奖赏。产生吸引力的第一个条件是物理距离上接近，人们更容易对身边的人产生好感。在我们身边的人，我们很容易得到其提供的各种奖赏。空间上的接近也使得两个人更可能相遇，也更有可能变得熟悉。重复地接触他人（哪怕只是看照片），通常也能增加我们对他人的喜欢程度。产生吸引力的第二个条件是相貌。人们更容易喜欢美丽的人。当然，在某些情况下我们对于美丽是有偏见的，认为美丽的人就是好人、有才能的人（Dion et al.，1972）。尽管对于魅力的评判会受到个人偏好的影响，但对于具体某个人美丑的评价，人们的观点通常是一致的，而且这种共识具有跨种族的一致性，亚洲人、中南美洲人和美国黑人、白人对他们各自种族的美丽女子的认识是一致的。新生儿也对漂亮的面孔有所偏爱（Langlois et al.，1987）。婴儿还很小，不会受到社会规范的影响，但他们盯住漂亮面孔看的时间远长于不漂亮的面孔。产生吸引力的第三个条件是喜欢那些喜欢我们的人。吸引力匹配现象表明，要想拥有成功的亲密关系，我们应该追求最有可能给我们回报的伴侣。实际上，大多数人也是这样做的。当我们寻找未来的伴侣时，大多数人会用公式（对未来伴侣的期望值=伴侣长相吸引力×伴侣接纳自己的可能性）衡量自己对他人的实际兴趣，以及接近伴侣与其建立亲密关系的可能性。产生吸引力的第四个条件是相像，人们会喜欢与自己相像的人。由相像产生的吸引力种类有很多，具体如下：①年龄、性别、种族、教育程度、宗教信仰和社会地位等人口学变量上的相像；②态度和价值观的相像；③性格的相像。

（二）浪漫关系的建立

维持浪漫关系源于相互依赖。对于相互依赖，可以用社会交换思想加以解释。就像购物一样，人们会寻找称心如意的商品，并寻求以最小的代价获取能提供最大奖赏价值的人际交往，我们会与那些能够提供足够奖赏的伴侣维持亲密关系。不过，亲密关系中双方的利益都必须得到满足，否则亲密关系就维持不下去。

现代人普遍认为配偶应该彼此相爱，然而不同时期、不同的文化对爱情有着不一样的看法。比如，在古希腊，痴恋某个人会被视为疯狂，与婚姻或家庭生活没有一点关系。在古埃及，具有王室血统的人通常与他们的同族异性结成夫妇。在古罗马，结婚的目的是生养小孩、结交盟友和建立血缘纽带。12 世纪，在欧洲，异性之间的爱情被冠以宫廷爱情，有着更为积极的内涵。在随后的几百年内，人们认为充满激情的爱情是值得不顾一切去追求的，但这种爱情常常注定要失败。直到 18 世纪，欧洲人才相信浪漫的激情偶尔也会有幸福的结局。然而，当时人们并不认为夫妻之间应该拥有充满激情和浪漫的婚姻。即使在今天，世界上仍只有一部分地区的人相信浪漫爱情与婚姻是联系在一起的。

斯滕伯格认为，爱情由三个成分构成（Sternberg，1986）。①亲密，包括热情、理解、沟通、支持和分享等爱情关系中常见的特征。②激情，其主要特征为性的唤醒和欲望。激情常以性渴望的形式出现，任何能使伴侣感到满足的强烈情感需要都可以归入此类。③忠诚，指投身于爱情和努力维护爱情的决心。忠诚在本质上主要是认知性的，而亲密是情感性的，激情则是一种动机或者驱力。恋爱关系的火热来自激情，恋爱的温情来自亲密。相比之下，忠诚反映的则是完全与情感或性情无关的认知决策。

这三个成分就是爱情三角形的三条边（Sternberg，1986），每个成分的强度都可变化，所以爱情的三角形可能有各种大小和形状。实际上，爱情可能存在无数种类，为了简化，我们只考察几种相对纯粹的爱情类型，即某一成分非常低而其他成分充足的爱情三角形。①无爱。如果亲密、激情和忠诚三者都缺失，爱情就不会存在。两个人可能仅仅是泛泛之交，彼此的关系是随意、肤浅和不受约束的。②喜欢。当亲密程度高而激情和忠诚程度都非常低时，就是喜欢。喜欢多表现在友谊之中，伙伴双方有着真正的亲近和温情，却不会唤起激情或者与对方共度余生的期望。如果某个朋友的确能唤起你的激情，或者当他/她离开的时候，你会强烈地思慕，那么你们之间的关系可能已经超越喜爱，变成其他类型的爱了。③迷恋。缺乏亲密或忠诚却有着强烈的激情即是迷恋。当人们被几乎不认识的人激起欲望时就会有这种体验。斯滕伯格承认他曾经痛苦地痴恋过一位在十年级的生物课堂上从未说过话的女生。他后来认为他对她的爱就是迷恋。④空爱。没有亲密或激情的忠诚就是空虚的爱。在西方文化中，这种爱常见于激情燃尽的爱情关系中，既没有温情也没有激情，仅仅是在一起过日子。不过在有婚姻包办传统的社会中，空爱或许是配偶们生活在一起的第一个阶段，他们之间的感情慢慢地可能会发展成为其他类型的爱情。

有的爱情或许不属于上述的任何一种类型，可能是因为这几种类型都缺失爱情的一些重要成分。爱情是复杂的体验，如果我们把爱情的三个组成部分结合起来形成更复杂的爱情形态，会有更多的人符合以下爱情类型。①浪漫之爱。浪漫的爱情充满激情，可以把它视为喜欢和迷恋的结合。人们常常会表现出对浪漫爱情的忠诚，但斯滕伯格认为忠诚并非浪漫之爱的典型特征，比如，人们认为夏天的恋爱非常浪漫，尽管双方都知道夏季一结束爱情也就走到了尽头（Sternberg，1986）。②相伴之爱。亲密和忠诚结合在一起所形成的爱就是相伴之爱。相伴之爱的双方会努力维持友谊，这种爱表现为亲近、沟通、分享以及对爱情关系的巨大投入。有相伴之爱的双方可以没有激情，一般情况下他们会拥有长久而幸福的婚姻。③愚昧之爱。缺乏亲密的爱是愚蠢的，这种爱情会建立在激情的基础上，双方会闪电般地快速结婚，但彼此并不是十分了解或喜欢对方。在某种意义上，这样的爱人在迷恋对方时投入很多，但是会得不偿失。④完美之爱。当爱情的三个成分都具备时，人们就能体验到彻底的或完美的爱情，这是许多人都在追求的爱情类型，但斯滕伯格认为完美之爱类似于减肥，短时间容易做到，但很难长久坚持（Sternberg，1986）。

浪漫关系受以下因素影响而不同：①依恋类型不同，爱情会不同。通常安全型依恋可以促进亲密、激情、忠诚和关爱，从而使人产生不同的爱情体验。可以肯定的是，安全型的人比不安全型的人更容易体验到强烈的浪漫之爱、相伴之爱和同情之爱。②年龄会影响爱情。例如，年老的夫妻有着更多精神上的快乐，但较少有肉体上的唤醒，即使在婚姻不是很幸福的时候，他们的情绪也不是很强烈，但整体上更为积极。年轻人步入婚姻殿堂的灼热、急迫和强烈的情感会随着时间的推移逐渐变弱，对爱情的态度更为温和、看法更为成熟。③性别。整体来看，男性和女性在爱情方面的共同点多于不同点，他们都能体验到不同类型的爱情，男性和女性每种依恋类型所占的比例也大致相同。男性一般比女性更为疏离，但差异相当小。总体而言，女性体验到的情感比男性更强烈、多变。男女两性都认同爱情应该含情脉脉、忠贞不渝，但男性认为爱情应该有更多的激情。的确，激情仅仅影响男性的关系满意度，对女性没有影响；而不和谐的交流仅仅影响女性的关系满意度，对男性没有影响（刘聚红，2018）。

（三）浪漫关系的维持

结婚之后，爱情的浪漫程度会减弱（Sprecher，Regan，1998）。随着时间的流逝，那些努力维持婚姻的人在浪漫和爱的激情量表上的得分会下降（Tucker，Aron，1993）。事实上，如果我们仔细思考，就会发现浪漫的爱情之所以会随着时间的推移而减弱，有两方面的原因：一方面，幻想促进了浪漫，激情在一定程度上是盲目的。洋溢着激情的爱人们往往会将他们的伴侣理想化，忽略那些不利方面。另一方面，仅仅是新奇也能为新确立的爱情关系注入兴奋和能量。当人们为新的伴侣而精神抖擞、魂牵梦绕时，决不会意识到在几十年之后自己的爱人会变得多么习以为常。

既然浪漫的爱情会随着时间的推移减弱，那么，如何维持和修复亲密关系呢？

第一，要做到忠诚。当人们忠诚于亲密关系时，他们的看法在几个重要方面都会发生变化。①不再把自己视为单独的个体，而是视为包括自己和伴侣在内的更大整体的一部分。②忠诚的伴侣会以积极的态度来考虑彼此，彼此将对方理想化，并尽可能地以最好的眼光来看待他们的亲密关系。③如果忠诚的伴侣的确发现了对他们的亲密关系构成威胁的情敌，他们对情敌的评价也会更具有智慧性，蔑视破坏其关系的人。这种替代选择机制可能会让人感到其他可能的伴侣并不如现在的伴侣有吸引力。④忠诚的人常常愿意为维持亲密关系做出牺牲。比如，为了提升伴侣亲密关系的程度，他们可以做自己不愿意做的事情，或者克制自己的欲望。⑤伴侣关系刚建立时，一个人很难获得真正的成长和改变，而当伴侣帮助其成为自己想要成为的人时，他们就会对彼此更加忠诚。⑥忠诚的爱人倾向于忍受对方的一些不严格的要求，这就是顺应现象。如果伴侣的冒犯只是偶尔或暂时的，顺应是避免无谓的冲突的有效方法。当伴侣双方都倾向于保持冷静而非以眼还眼、以牙还牙时，他们之间幸福的亲密关系很容易维持下去。

第二，要保持满足。人际沟通专家从数百篇研究报告中（包括 500 篇大学生的学期论文）总结出了人们维持亲密关系时会出现的一些行为，包括伴侣力图培养对于亲密关系的积极性、保持礼貌和欢欣、保持积极乐观。他们鼓励开放和自我表露，愿意分享自己的想法和情感，并希望伴侣也这样做。他们向彼此表达对爱的忠诚和尊重。他们拥有共同的社交圈子，有共同的朋友，并愿意花时间与伴侣的家人相处。他们会分担家务，承担相应的责任。感到满足的伴侣还会避开某些敏感话题，为彼此提供支持，保持善意的幽默，花足够的时间一起相处，犯错时也会向对方道歉（Canary，Stafford，2001）。有研究发现，这种维持机制的取得效果是短暂的，如果这些理想的活动停下来，满足水平马上就会开始下降。也就是说，要维持幸福的亲密关系，一定要坚持到底（Canary，Stafford，2001）。

第三，在关系修复方面，一是要做好自我实践。我们能自己解决在维持亲密关系中遇到的问题，没有人比我们更了解自己的情感。在辨别幸福和不幸福方面，积极性高、细心的外行与受过训练的专业人士能做到一样好。如果想自我修复亲密关系，网络、电视等多种媒体都能提供一些建议。然而，大众媒体提供的通俗意见常常存在问题，因为它的流行性和准确性并无必然联系。我们还希望人们能把增加双方吸引力以及如何相爱的知识点应用到亲密关系的修复之中，具体问题具体分析，从而建立更丰富、更有奖赏价值的伴侣关系。二是要做好预防性维持。例如，预防和关系提升项目（Prevention and Relationship Enhancement Program，PREP）可以取得良好的效果。

二、积极的友谊

（一）友谊的概念

友谊是我们获得快乐和支持的必不可少的源泉。研究发现，友谊有三个属性：情感的、共有的和社交的（de Vries，1996）。情感属性指的是个人思想和感情的分享（即自我表露），以及与亲密、欣赏和情爱（包括尊敬与热情、关心、爱意等情感）有关的表情达意。朋友能提供鼓励、感情支持和共情，巩固个体的自我概念，而这一切都建立在信任、忠诚和奉献的基础之上。友谊的共有属性指的是参与共同的活动、朋友彼此之间有相似之处、给予和得到实际的帮助等。友谊的社交属性指的是把朋友看成娱乐、玩笑和消遣的源泉。因而有学者把友谊定义为一种自发的人际关系，通常表现为亲密和扶助，双方彼此欣赏，并企求得到对方的陪伴（Fehr，1996）。

通常我们不会在内心详细阐述朋友的含义，但大多数人会有这样一套人际关系的规则，即朋友应（或不应）履行某些行为的共同文化信念。这些行为的标准是人际关系平稳运行的润滑剂。人们在孩提时代就学会了这些规则，并且知道一旦违背这些规则，就会引起他人的指责和关系的混乱。

（二）友谊的特征

在不同年龄阶段，友谊的特征会发生变化。在 10 岁之前，儿童的友谊表现出只能同享乐不能共患难的顺境-合作（fair-weather cooperation）特征（Selman，1981）。中学时代，青少年之间的友谊进入了亲密-共同分享（intimate-mutual sharing）阶段，他们认为友谊是一种为了满足彼此利益的合作，但它仍是一种具有排他性和占有性的人际关系。13～19 岁青少年的友谊进入了最后的发展阶段，即自主地相互依赖。此阶段的青少年认识到特定的友谊并不能满足所有的情感和心理需要，并且允许朋友和其他人发展独立的人际关系。在 13～19 岁，友谊还有其他方面的变化：青少年与家人相处的时间越来越少，与伙伴相处的时间越来越多；青少年日益转向通过朋友来满足自己的依恋需要。埃里克森认为，人们正是在少年晚期和 20 多岁的成年早期阶段学会了怎样建立持久、忠诚的亲密关系（Erikson，1968）。大学毕业之后，人们往往只与少数几个朋友交往，但与朋友之间的人际交往层次更深、相互依赖程度更强。与爱侣安居后，友谊又会发生怎样的变化？友谊和爱情之间的关联非常清晰：有了恋人之后，个体与家人和朋友相处的时间会减少。这时会发生二元退缩现象：与爱人见面的次数越来越多，而探望朋友的次数越来越少。发展到老年阶段，老年人的社交圈子相对年轻人更小，朋友也更少。老年人并非不会交际，他们只是更加挑剔，他们的亲密好友数量和年轻时一样多，但他们和一般的朋友及不太重要的社交伙伴相处的时间更少。

友谊不仅在整个生命周期有变化，在不同的个体之间也存在差异。在性别差异方面，女性之间的友谊往往比男性更亲切、紧密。除了性别效应之外，还存在其他影响友谊的因素，如自我监控。自我监控水平高的个体倾向于建立较宽泛的社交网络，其同伴大多是活动专家，可以与之分享特定的快乐，此外他们没有其他更多的共同点。因此，高自我监控者在友谊中的投入往往比低自我监控者少。低自我监控者的朋友数量较少，但彼此有着更多的共同点，一般情况下他们的友谊更加亲密。

（三）维持积极的友谊

进化心理学关于友谊的研究指出了如何通过朋友关系增进幸福，那就是结交几个要好的朋友，并与他们保持密切联系（Feeney，2004）。如果我们想结交好朋友，应该选择兴趣相投、能力相当、情况相似、阅历相仿的。因为有相似性的两个人之间的关系比没有相似性的两个人之间的关系要密切得多。在友谊建立的初始阶段，这种匹配很重要。如果人们的特征和潜能很独特并切合新朋友的需要，那么我们被取代的可能性就很小。用进化论的说法就是自己比竞争者更适合做那个人的朋友。

研究者让被试在 5 分制量表上描绘他们的好朋友及其人际关系特征，该量表可以反映人际关系中某些特征的重要程度，有助于形成以积极情感为标志的互助、持久的人际关系。有的被试将他们的好朋友描述为可信赖的、诚实的、忠贞的和忠诚的，还有的将其形容为善良的、可爱的、幽默的、有趣的。相对不重要的特征主要包括朋友的地位、魅力、身体健康、技能、抱负和成就。这些特征可能会为友谊的建立敞开大门，但不会将友谊上升为最珍贵的友谊（克里斯托弗·彼得森，2010b）。除个人特征之外，维持积极的友谊还需要朋友之间有积极的情感交流、相互支持及进行良好的互动（Oswald et al.，2004）。

三、积极的社会制度

积极的社会制度非常重要，它不仅是建构积极人格的支持力量，也是个体积极体验的最直接来源。积极的社会制度包括很多方面，其中国家、工作、社区、学校、家庭制度等是主要方面。

（一）积极的国家制度

积极心理学对国家政策的制定有较强的指导意义。研究者提出，社会学、政治学、人类学和经济学都在社会制度方面做过许多研究，但这些学科犯了与心理学同样的毛病，即把重点放在那些对人造成损害的社会制度上，如种族主义、性别歧视、垄断统治等（Seligman，Csikszentmihalyi，2000）。这些社会科学以发现和揭示所有给人们生活带来困难和痛苦的制度为己任，其最大的作用就是帮助人们减少一些伤害自己的条件。相对于积极体验和积极人格，人们对积极的社会环境的研究和关注较少，但积极心理学很重要的任务之一就是呼吁营造积极的社会环境，建立和完善相应的政策和设施，提升公民的幸福感水平。在积极的国家制度层面，积极心理学提倡将提高国民幸福总值作为国家的发展目标（Forgeard et al.，2011）。政府应明确自身的职能，加快形成权界清晰、分工合理、权责一致、运转高效、法治保障的机构职能体系，真正做到该管的管住、管好，不该管的不管、不干预，切实提高政府管理的科学化水平。

（二）积极的工作制度

当今社会，工作是人们生活中非常重要的组成部分。在我国，随着改革开放的深入和现代化建设的推进，工作女性的比例迅速提高。面对这种现象，许多人产生了疑问：人们喜欢自己的工作吗？或者是喜欢的程度有多大？于是，研究者找出了一个可以用于评估这一内容的指标——工作满意度。工作满意度是一种具体的（特殊的）生活满意度，是指个体对工作领域的具体认知评价（吴怡萱，胡君辰，2008）。如何提高工作满意度呢？一种方法是员工组建自主工作群体，另一种方法是丰富员工的社会支持资源和提高员工的控制感。以上两种方法可以极大地调动员工的工作积极性，提高其工作满意度。

（三）积极的社区制度

社区是居民信任的一个基础机构，承担着居住、休闲和娱乐等重要功能。社区是现代人生活的重要场所，它起着一种桥梁作用，能使居住在一个固定区域的居民的关系更密切。对社区关系的研究最初多是探讨人们对乡村或城市居住环境的满意度。结果发现，即使是居住在较差环境的个体也对其居住环境感到满意，而且乡村居住者对其环境感到幸福或满意的人数比例高于城市居住者。大约有1/2的农村人对自己所住的地区非常满意，而仅有1/5的城市中心居住者做出了相似的报告。这样，人们逐渐意识到社区关系与幸福感之间存在某种关系。研究者提出应加强社区积极景观的建设，不仅包括物质景观和人文环境的建设，而且要通过培养居民的积极人格，让人们从中体验到积极的情绪（郑雪，2014）。

（四）积极的学校制度

教育是对人的一种教化，它的主要功能在于使原本是生物意义上的人具有一定的知识、能力和社会道德而成为社会人。积极教育就是既要教授给学生传统的知识技能，又要传授给学生获得幸福方法的教育（Seligman et al.，2009）。积极教育的重点并不只是纠正学生的错误和弥补其不足，而是寻找并研究学生的积极力量，并在实践中对这些积极力量进行培养。这是一种对教育进行重新定位并适应现代社会的新观念。

（五）积极的家庭制度

家庭是社会的基本细胞，是个体的第一所学校。家庭制度是社会规则的重要组成部分。积极的家庭制度对于促进家庭成员提高个人修养有重要作用，能帮助家庭成员熟悉特定文化中的社会生活规则。积极的家庭制度能够使家庭成员的人际关系更加和谐，指明家庭的奋斗方向，促进家庭成员的相互理解，《诫子格言》《颜氏家训》《朱子家训》等都倡导积极向上的家庭规则和制度。

第四章 积极心理学教学现状

积极心理学创立以来，欧美很多国家开设了积极心理学课程。国内外研究者对积极心理学教学研究的重点经历了由理念借鉴到内容整合，再到方法探究的逐步深入的过程。积极心理学在高校心理健康教育中可以起到调动学生学习的积极性、帮助学生树立正确的人生观和价值观、塑造学生健全人格和促进学生全面发展的作用（Morrish et al.，2018；Adler，2017；Catalano et al.，2014；狄明艳，2017）。因此，探索积极心理学的教学现状，进而优化其教学效果，有着重要的理论意义和实践意义。

本章分三节，第一节主要介绍积极心理学理念在教学管理、学科教学中的应用；第二节主要介绍积极心理学内容体系的构建；第三节简要介绍积极心理学教学方法的发展现状。

第一节 积极心理学理念的应用

一、积极心理学理念在教学管理中的应用

将积极心理学理念应用于学校教育的先锋应属基隆文法学校（Geelong Grammar School，GGS）。该学校将积极心理学的理念应用于教学和管理的三个层面：第一，以积极心理学来生活；第二，用积极心理学来讲授；第三，形成积极向上的氛围。其中，第一、第三层面都重点指向教育和教学管理。在第一层面上，学校为教职员工提供积极心理学训练，让所有员工都学会积极心理学的理念。训练的目标是让他们无论在个人生活还是在实际的教学工作中都能够获得幸福感，进而为学生树立良好的榜样。为了保证训练效果，学校还会组织复习研讨会，帮助教职员工进一步理解积极心理学的具体知识或原理。另外，学校还会组建讨论小组或者俱乐部，帮助教职工练习积极心理学的相关技术。在第三层面，基隆文法学校致力于创设一种积极向上的氛围，例如，将教堂的礼拜活动重点放在锻炼学生的积极品质上，设立"一切顺利"公告板，公开表达对他人的感激之情，定期开展献爱心活动，同时还邀请家长参加积极心理学教育理念培训活动。基隆文法学校比较全面地将积极心理学教育理念应用于教职员工和家长的培训中，不仅提高了教职员工的工作幸福感和生活幸福感，还为家校合作提供了新的思路和内容（Norrish et al.，2013）。

基隆文法学校对学校领导、学生、教学服务人员甚至家长都进行了全方位的积极教育。苏加伊等（Sugai，Horner，2000；Sugai et al.，2002）从行为主义原理出发，在全校范围内锻造积极行为，建立了积极行为干预与支持（Positive Behavioral Interventions，Supports，PBIS）中心。该中心的目标是帮助青年人在个人、健康、社会、家庭、工作和娱乐等领域构建积极的生活方式。就学生而言，PBIS 中心为学生的行为习惯、学业、社交、情绪以及心理健康提供帮助，引导学生做到社交有信心、学业有成就、学校有氛围。该中心也帮助教师提高他们的健康和幸福水平。在学校场景中，它主要是创设一个积极的、可预测且安全的学习环境。PBIS 不是一门课程，而是为学生提供一个学校环境下的评估框架。

在实施过程中，PBIS 强调五个方面。①公平。PBIS 中心认为，要保证 PBIS

在教育领域有效实施，需要遵循公平原则。它要求学校领导或工作人员公平地对待每位学生，对每位学生都报以良好的期望。公平原则还要求教育工作者不断调整自己的角色，全心全意为学生服务，支持每位学生的成长。②制度。制度建设指导着学校的运作方式，包括团队结构、培训、指导以及其他辅助措施等。制度越完善，PBIS 对实践的指导就越准确、越有利。③数据。PBIS 在学校场景下会产生大量数据，团队要使用这些数据来筛选高效的团队培养方案，监控方案的实施过程，并进行相应的评估。④实践。在帮助学生建立积极行为及创建积极的校园氛围方面，实践极为重要。在 PBIS 中，实践的方式（干预措施或策略）一定是经实验验证后才能使用。在使用过程中，还要进行适当的调整，以适应实施学校的特殊要求。⑤成果。PBIS 进行制度、数据等方面的建设，均是为了取得良好的教育效果。家庭、学生和教育工作者设定目标，并共同努力以取得积极的教育效果。积极的教育效果形式多样，包括行为习惯改善、社交技能提升、情绪调节良好、学习成绩提升、学校教育氛围和谐、违反纪律的人数降低等。

学校为实施 PBIS 所采取的策略包括：①用持续且有效的实践来满足学生的需求；②让学生、家庭和社区成员共同传承本民族文化；③依靠专业团队指导实施 PBIS；④普遍筛查；⑤使用数据来识别学生的优势、发现学生的需求，并监督学生的进步；⑥定期评估学校措施的有效性；⑦通过持续性的培训增加学校管理者的积极教育专业知识。

为了更好地给学生提供学习、行为习惯、社交以及经济方面的支持，教育者采用了分层的方式实施 PBIS。PBIS 可以分为基础层和三个等级层。基础层主要包括学校需要具有积极的校风。校领导要高度重视积极教育工作，定期开展培训，分享教育管理、社交技能、情绪管控能力、行为习惯、学业水平、公平正义、心理健康和创伤方面的专业技巧。积极的校风离不开家庭的参与，在基础层，学校要求家庭积极参与。学校管理层要转变管理观念，以积极和支持的态度参与学校管理，即实施服务型管理。学校要为所有员工提供 PBIS 培训，保证 PBIS 能够顺利实施，并实时进行数据的分析和管理，保证数据真实有效，以为教育决策提供坚实的基础。

三个等级层分别为普遍性的一级预防、针对性的二级预防及个性化的三级预防，现分述如下。

1）第一层：普遍性的一级预防。第一层是针对所有学生、教师和教育管理者设计的制度、数据监控及实践活动。这一层级的内容可以为 80%以上的学生提供强大的个性化服务。该层级的具体内容如下：①学生、学生家庭及学校教育者共同设置教育目标。这一目标要优先考虑社会适应能力、情感控制能力及行为习惯等方面。②课堂教学的目标要与学校的教育目标一致。③在课堂教学或者实践活动中明确告知学生教育目标及达成这些目标所需要的技能，为学生的幸福生活奠定良好基础。④对于学生的良好表现，要及时给予恰当的表扬。⑤以一种尊重的、指导性的方式抑制不良行为。⑥培育家校合作机制。

2）第二层：针对性的二级预防。有10%～15%的学生需要接受第二层级保护。第二层级保护比第一层级更集中，但是比第三层级分散。其具体内容如下：①针对学习习惯、社交技能、情绪控制能力及学习技巧，为学生提供额外的指导和锻炼机会；②加大家长或教育者的支持和监督；③尤其重视积极强化，适时提高积极强化频率；④多加提醒或者提示；⑤多在学习方面提供支持；⑥促进家校沟通。

3）第三层：个性化的三级预防。在一些学校中，有1%～5%的学生没有办法在第一层和第二层的帮助中获得成功，因此，第三层的预防措施要给这些学生提供更为集中、个性化的帮助。其具体内容如下：①学生、教师和家长共同参与对学生的评估，并一起制订提高学生能力的计划；②在以人为本理念的指导下为学生提供全面支持；③为学生提供个性化、综合性的帮助。

与PBIS中心的服务思想相一致，有学者认为与讲授积极心理学科学知识相比，学校教育应更加注重彰显教育的意义（Wong，2018）。学校应该致力于培养有责任心、有智慧的公民，进而引导青年学生过有意义的人生，推动人类社会更加繁荣昌盛。类似的有研究者对教师进行的积极教育培训（Baş，Firat，2017）。另有学校专门对校领导进行积极心理学培训，如对学校领导进行感恩的培训，并对培训结果进行质性检验（Waters，Stokes，2015）。研究者选取来自澳大利亚两个州的27名校领导，对他们进行了两项干预：第一项是写感恩日记，让他们每天记录值得感恩的三件事；第二项是让他们写感恩信。结果表明，感恩日记可以帮助校领导以更加客观的角度看待问题，也能使其更积极地解决问题。经常写感恩日记的校领导能够看到人际交往的价值，在生活中能够体验到更多的幸福和快乐。感恩信能够很好地激发校领导的感恩之情，同时也能增强教师和学生的回报意识。这两种感恩培养方法不仅可以在生活顺利的时候使用，也可以帮助校领导和教师解决工作中的冲突。

总之，在创立之初，积极心理学更多地将其理念应用到教育管理和学生培养中，通过创建良好的学风、教风引导学校对学生进行积极教育。

二、积极心理学理念在其他学科教学中的应用

积极心理学理念除了被应用于教学管理，还被更广泛地应用在学科教学之中。我国研究者在多个学科中引入了积极心理学概念，出现了一些精心设计的、比较符合我国文化传统的创新尝试。

（一）在心理健康教育领域的应用

在我国学校的实践探索中，积极心理学相关内核与精神主要表现为对身心健康概念与实践的更新。心理健康教育内容与积极心理学理念的结合，大大拓展了大中小学校心理健康教育的内容和形式。比如，四川省内江市一些小学的实验探索就颇具代表性。研究对两所小学进行了对照实验，对实验组采用积极的心理健康教育课程，对对照组采用传统心理健康教育，通过前后测设计，比较两组被试实验前后的心理健康状况和自我认识情况。结果表明，六大模块的积极心理健康教育活动显著提高了小学生的心理健康水平和自我认识水平（郭菊等，2014）。再如，台湾地区的学者将哲学、文学、美学、心理学、伦理学等多个学科结合起来，形成了终极关怀、伦理思考、人格统整和灵性发展等生命教育内容（张仁新等，2006）。

积极心理学在高校心理健康教育中也有所体现。比如，湖南师范大学体育学院根据培养目标及学生特点，分阶段、分层次开设了心理素质培养课程，包括社会心理学、体育心理学、康复心理学等。这些课程尝试打破传统的大学生心理教育模式（即以心理问题为专题，围绕某一问题进行探讨，提出解决模式），转而提出八个模块的实践活动，包括认知发展、情绪稳定、意志优化、个性完善、学习适应、人际和谐、职业适应和心理障碍。除最后一个模块外，其他模块都较好地贴合了积极心理学的原理（周旖，邱模英，2013）。积极心理学的思想也应用于一些应用型本科院校的心理健康教育中。例如，蚌埠学院针对应用型本科学生自我角色认识不成熟、现实和理想相矛盾的心理特征，开展积极教育活动（张玲玲，2015）；部分职业学校针对职校生心理资本水平偏低、各维度发展不均衡等问题，应用积极教育理念引导职校生进行心理资本开发（崔景贵，杨治菁，2015）。

葛鲁嘉和李飞（2016）对积极心理学总体思路是如何被应用到心理健康教育

领域的进行了非常好的总结。他们认为，当下心理健康教育的实施围绕以下方面展开：①以发展促防御，心理健康教育的目标重在促进心理能力的可持续提升；②以动制静，心理健康教育内容侧重动态地建构心理健康资源；③以体验激发情意，心理健康教育的教学实施过程重视生成与内省；④以“人本”代替“物本”，心理健康教育评价引入了“心理成长袋”模式；⑤以“多元主体”代替“单一主体”，锻造积极的心理健康教育团队。

（二）在二语习得中的应用

过去一段时间，学者对积极心理学的研究形成了一股世界性的热潮，这股热潮同样影响了二语习得领域，在研究视角、理论资源、研究话题、研究方法等方面为二语习得研究的发展注入了新元素。

从发展脉络来看，积极心理学对二语习得研究的影响大致分为三个阶段：起步阶段（2012—2016年）、发展阶段（2017—2018年）和繁荣阶段（2019年至今）。在起步阶段，积极心理学刚被引入二语习得领域，相关研究较为零散，主要是对相关理论及实证的初步探索。麦金太尔和格雷格森（MacIntyre，Gregersen，2012）率先将积极心理学领域内的重要情绪理论——拓展-建构理论（broaden-and-build theory）（Fredrickson，2001）引入。其后，莱克（Lake，2013）在积极心理学视角下，探讨了日本外语学习者的外语积极自我作为整体积极自我和二语习得动机之间的桥梁的可能性。这是二语习得领域的第一次积极心理学实证探索。2014年，《第二语言学习与教学研究》（*Studies in Second Language Learning and Teaching*）杂志推出“积极心理学（Positive Psychology）”专栏。其中，麦金太尔和梅塞（MacIntyre，Mercer，2014）在概念层面对积极心理学的内容进行了阐述，概述了其主要研究范围，回应了其在研究方法上所受到的批评（如缺少实证研究、研究方法较为单一等），指出了其可能为二语习得领域做出的贡献，并为未来研究指明了方向。这标志着积极心理学被正式引入二语习得领域。在发展阶段，关于情绪的研究迅猛发展，打破了二语习得领域长期以来认为认知是主要影响因素的局面（Dewaele，Li，2020）。基于拓展-建构理论，德韦勒和麦金太尔（Dewaele，MacIntyre，2014）率先探讨了国际二语学习者的愉悦及焦虑体验，为该领域积极情绪的实证研究提供了范例，是“情绪转向”的关键（Lantolf，Swain，2019）。此后，日本（Saito et al.，2018）、英国（Dewaele J M，Dewaele L，2017）、波兰（Piechurs-Kuciel，2017）、伊朗（Shirvan，Taherian，2018）及中国（Li et al.，2018，2021；Jiang，Dewaele，2019）等的众多学者开始关注不同语言教育背景下二语学习者的外语愉悦及焦虑体验。在繁荣阶段，该领域继续以情绪研究为主，相关研究报告不断涌现于国际期刊、专著、论文集、会议、论坛、专栏等。2019 年，积极心理学的先驱麦金太尔和格雷格森发表综述，梳理了积极心理学在二语习得理论、实践研究方面的进展（MacIntyre et al.，2019），标志着积极心理学在二语习得领域的成熟。同年，《心理语言学前沿》（*Frontiers in Psychology Language Science*）杂志推出“积极心理学（Positive Psychology）”、“第二和第三语言学习（Second Language Learning and Third Language Learning）”专栏，标志着积极心理学的影响从二语向三语领域拓展。在会议方面，世界应用语言学大会（World Congress of Applied Linguistics）等学术盛会开设了积极心理学专题分会场，进一步体现了积极心理学的蓬勃发展之势。

目前，积极心理学视角下的二语习得研究主要基于两个理论，即积极心理学的奠基理论——幸福感理论，以及积极心理学范畴下的分话题相关理论，如情绪的拓展-建构理论等。

外语界不仅有学者在幸福五要素 PERMA（positive emotion，积极情绪；engagement，投入；relationship，关系；meaning，意义；accomplishment，成就）理论下探讨外语教师和学习者的幸福感（MacIntyre et al.，2020），还有学者基于该理论进行了拓展创新，例如，奥克斯福德（Oxford，2016）将 PERMA 拓展为 EMPATHICS［emotion and empathy（情绪及共情），meaning and motivation（意义和动机），perseverance（毅力），agency and autonomy（自主性），time（时间），hardiness and habits of mind（困难和心智习惯），intelligences（智力），characterstrengths（性格优势），self factors（个体因素）］。相比 PERMA，EMPATHICS 包含更多的人本主义话题，强调以全人视角关注语言学习者，重视情绪、动机、认知、人格特质（如毅力）等多样化的个体差异因素，也重视环境因素。此外，奥克斯福德还指出，这些维度彼此关联、动态发展，共同对语言学习者的语言成就及个体幸福产生影响，呼吁研究者将其与复杂动态系统理论结合起来开展相关研究（Oxford，2016）。麦金太尔（MacIntyre，2016）指出，EMPATHICS 抓住了语言教学的多个重要维度，如情绪、学生投入、师生关系。在研究层面，既有研究集中于对情绪进行探讨，而对于其他维度的研究尚有较大的探索空间；在教育实践层面，奥克斯福德呼吁将该模型用作教师培训的重要参考维度。换言之，该理论既提供了具体的研究话题，又为外语教育实践指明了方向，即将积极教育与语言教育融合，采取“全人”的视角关注二语学习者的学习成就及个体幸福感。（转引自李成陈，2021）除上述宏观理论之外，积极心理学领域的分话题均有自己的理论基础。就最受关注的情绪而言，推动其相关研究的主要理论为拓展-建构理论（Fredrickson，2001）。在该理论的基础上，夏洋和徐忆（2018）探讨了课堂环境因素对英语专业大学生消极学业情绪的影响；李成陈（2020）探讨了我国高中外语学习者的英语学业情绪与情绪智力、英语学业成绩之间的关系；韩晔和许悦婷（2020）探讨了二语写作过程中学习者的情绪体验及情绪调节策略；李等（Li et al.，2021）探讨了我国大学生的外语学习无聊体验及其与控制和价值评价的关系。除不同的情绪理论之外，埃格伯特（Egbert，2003）还提出语言教学过程中的最佳体验即心流，并提出心流与学习的关系模型，勾勒了心流与其“前因后果”之间的关联。

（三）积极心理学理念在思想政治教育中的应用

思想政治教育学是集教育学、管理学、法学、伦理学、心理学等多学科的内容于一身的学科。各学科最新研究成果必然会对思想政治教育的实效性产生重大影响，心理学亦不例外。积极心理学是一门新兴的学科，其在思想政治教育领域的应用处于由初始阶段向蓬勃发展阶段转向的时期。这些研究分为两个方面：第一，研究者考察了积极心理学与思想政治教育的契合性；第二，研究者主要关注积极心理学在各思想政治领域中是如何应用的。

在契合性方面，李清华（2019）认为思想政治教育需要以积极心理学为理论基础和心理基础。积极心理学与思想政治教育的有效契合，有利于我们更新思想政治教育理念。积极心理学提出的积极人性观和“积极预防”理念，关注人内隐的积极品质、美德与发展潜能，有目的、有计划地塑造这些品质、美德与发展潜能，提高个体对各种现实问题与不良诱惑的免疫能力，以防患于未然。积极心理学的人性观和“积极预防”理念是思想政治教育创新发展的新理念。积极心理学与思想政治教育的有效契合，有利于我们改善思想政治教育的主客体关系。积极心理学之“积极”意义在于主动建构，是教育者与教育对象主动探寻、自求所得的结果。教师要构建平等、民主、和谐的师生关系，落实学生的主体地位，培养学生积极的自我教育意识，发挥学生的主体作用，注重学生的自我教育，促进学生的自我成长。积极心理学与思想政治教育的有效契合，有利于我们丰富思想政治教育的内容与手段。思想政治教育与心理学存在着紧密联系，积极心理学作为一门新兴的心理学分支，其理论研究成果既是对心理学内容的丰富，也是对思想政治教育内容的充实。在“互联网+”时代，我们要主动适应信息技术迅猛发展、网络文化环境变化及全球化带来的文化交流对思想政治教育提出的新挑战，利用新媒体的优势，实现积极心理学与思想政治教育的有效契合，把思想政治工作贯穿教育教学全过程，实现全过程育人、全方位育人。

积极心理学在思想政治教育的各个领域均有所应用。唐红艳（2019）认为，中小学的道德教育应基于积极心理学的德育，充分发挥心理健康教育的德育功能，培育儿童、青少年的积极人格特质，引导儿童、青少年的积极情绪情感，通过积极情绪情感体验对其进行德育，为儿童、青少年德育开辟新途径。齐晓颖等（2014）认为，积极心理学应用于高校思想政治教育能提高大学生的自我评价和自我调节能力，加深他们在思想政治教育中的积极体验。积极心理学致力于帮助大学生调整过于关注自身缺点的状态，挖掘和培植大学生潜在的积极品质。同时，积极心理学能引领并优化大学生思想政治教育的组织系统。马丽萍（2014）认为，将积极心理学应用于思想政治课的课堂中，有助于提升思想政治课的针对性、实效性、说服力及感染力。此外，积极心理学阐释了孝道产生的心理机制（陆彩霞等，2019），可以在宏观上为构建和谐社会做出贡献（任俊，张义兵，2005）。

此外，创业教育（桑海云，2011）、动物学教学（丁吉红等，2020）、高校管理（韩力争，2013）、化学教育（陈超宇，2021）、家庭教育（浩莹，2020）、教师教育（贾志民，王新，2015）、警察教育（吴娴兰，2012）、老年教育（东向兰，方新立，2012）、旅游（翟凌晨等，2022）、企业管理（励骅，2009）、特殊教育（林雅芳，刘翔平，2013）、体育教育（王湘宁等，2021）、物理教学（李玲玲，2016）、心理障碍干预（席居哲等，2022；斯上雯等，2015）、医学教育（黄其春等，2015）、舞蹈教育（井瑶，2016）、音乐教育（刘英丽，2016）等众多教育领域引入了积极心理学理念，改善了教育教学方法和思路。

这方面的研究数量庞大，涉及几乎所有学科和各个学龄阶段。但这些研究大都将积极心理学的研究成果直接应用于学校教育，而未充分关注积极心理学教学内容本身。

第二节　积极心理学内容体系构建

随着积极心理学的发展，研究者逐渐将目光集中在积极心理学教学内容上。课程创立初期，积极心理学教学只是以专题讲座的形式介绍积极心理学的理念和部分研究成果，随后积极心理学教学开始对积极心理学不同主题的内容进行整合，形成了专题，以验证积极心理学内容对不同群体的教学效果。研究者尝试将积极心理学教学内容与心理健康教育（雷鸣等，2016；梁爽，2014）或道德教育（曾光，赵昱鲲，2018）融合，为促进我国青少年的全面发展服务。这一融合充分利用了积极特质、积极关系以及积极情绪等领域的研究成果。

一、积极心理学单个主题介绍

积极心理学研究的大部分内容是日常生活中已知的话题。很多教师会从积极心理学的某个单独的主题展开教学。例如，马春秀（2015）以幸福为主题对广东的高中生开展了幸福教育。她将幸福主题分为 3 个部分，每个部分 4 课时，共 12 个课时。第一部分为感知幸福，进入主题。主要内容是引导学生感知幸福，激发学生的学习兴趣。第二部分为寻找幸福，体会幸福。主要内容是通过积极分享，唤醒学生的幸福感知，强化“三 H”（healthy，健康；happy，快乐；harmonious，和谐）生命价值观。第三部分为细品人生，收获幸福。主要内容是突破自我，细品人生，使学生认识到幸福就在自己身边。孟琪和常海亮（2014）认为，可以通过积极的认知唤醒学生的感恩意识，以积极的体验培养学生的感恩情感，以知行统一激发学生的感恩行为。丛晓波等（2005）认为，自尊是心理健康的核心，自尊教育在积极心理学中非常重要，成功和爱的体验是自尊教育的关键，策略指导和策略训练是自尊教育的辅助手段，同时自尊的课程教学应与日常生活相结合。

国外关于亲密关系的教育多集中于性教育，其发展较为完善（李海兰等，2022）。在众多国外的性教育课程中，英国由于其浓厚的人文主义文化特质，更关注人的需要，注重人的利益和进步，更加关注教育在人的成长过程中的作用，并将人的全面发展作为教育的终极目标。他们在性教育中加入了有关亲密关系培养的内容，倡导责任、平等与尊重等价值理念。英国的亲密关系教育一改以往“性危险”论的观点，强调以学生为本，在不同年龄阶段设置亲密关系的教育目标。在小学低、中年级阶段，教师要引导学生掌握同性、两性交往的技巧，树立性别意识，培养相互尊重的态度。在小学高年级阶段，教师要引导学生认识青春期的生理、情感和态度变化，在人际交往中遵循尊重、平等、无伤害原则。在初中阶段，教师要培养学生的自尊、爱情、友谊、责任感，教给学生处理人际关系的正确方法以及适应社会环境的方法。在高中阶段，教师要引导学生注重社群权利和义务，理解家庭的重要性。

国内有关亲密关系的教育多体现于单独的讲座，仅有少数学校将亲密关系设置成单独的课程。例如，武汉理工大学的张晓文老师做了很好的尝试。张晓文老师看到爱情专题在“大学生心理健康”课中非常受欢迎，于是在2010年开设了全校选修课“爱情心理学”。课程非常受欢迎，每次选课时，2分钟以内课程就会满额，很多学生从大一到毕业都抢不到这门课程。张晓文老师的课程从心理学角度出发探讨爱情，所讲内容引自心理学最新的关于亲密关系的研究文献和实验数据，保证了课程的科学性。整个课程内容分为八章，从人际吸引、爱的定义、爱的表达、孤独、择偶、爱的背面、婚姻的秘密和性等各个方面介绍亲密关系如何开展和维持。在这门课程中，教师努力激发学生正向的心理能量，鼓励学生追求美好生活（转引自艾灵，2021）。

单主题介绍有力地传播了积极心理学的理念和知识，但是由于主题单一，很难让学生对积极心理学的知识框架有全面、完整的理解。对于积极心理学整体内容的呼唤指引教育者将类似主题组合形成专题式教学，促进积极心理学教学内容体系的进一步完善。

二、积极心理学系列专题介绍

随着积极心理学领域科研成果的不断丰富，可以作为教学内容的稳定成果也越来越多，于是教育者尝试整合积极心理学不同主题的内容以形成专题，从而进行专题教学。

有研究者将积极的感受进行整合形成积极感受专题，以“动物的奥林匹克”（Animal Olympics）作为内容脚手架对学生进行积极心理学教育（Jacobs，Renandya，2017）。该专题分为责任、善良、乐观、感恩、人生意义等部分。教师将每种积极感受与书中的内容进行有机结合，引导学生在看动物世界的过程中理解各类积极感受的含义、行为的动机。

还有研究者以幸福为专题设计了系列讲座（Romo-González et al.，2013）。该专题每周一到周五的10:00—14:00进行，共持续3周，地点在韦拉克鲁斯大学莫坎博校区（Mocambo Campus of Universidad Veracruzana）的花园里。该专题主要针对的是处于消极状态的学生，分为15个部分。该专题为参与者提供不同的方法，引导他们更多地进行内省。同时，在理解各类保护性因素的基础上，深化参与者对于生命意义的理解，使其能够以更加积极的价值观和行为方式对待周围的人、事、物。专题教学同时借鉴多学科领域的方法，包括冥想、腹式呼吸、视觉化表象练习、叙事疗法中的空椅技术等，帮助参与者提升积极感受。

另有研究者以“兴盛”（prosper）为专题设计了系列课程，帮助学生获得幸福（Noble，McGrath，2015）。该专题共分为七个部分：①鼓励乐观。帮助学生发展乐观的技能，同时增加乐观的感受。②发展积极的关系。帮助学生学会社交技能，以及与朋辈和谐相处的一些基本价值理念。③促成学习目标。为学生提供积极、宽松的学习氛围，帮助他们掌握具体的学习技巧，以便达成学习目标。④聚焦优势。要求教师和教育管理者从赏识的视角发掘学生的各类优势，形成支持、鼓励的校园氛围。⑤培育意义感。要求教师采用多种方法引导学生发现人生的目的和意义，形成正确的人生观和价值观。⑥增强参与感。要求学校提供多种机会让学生参与到学习、交往或实践活动中。⑦培育心理弹性。教师介绍各种应对困难的方法，帮助学生形成良好的心理弹性，使学生在困难面前百折不挠。

除了以上的专题式教学，也有学者针对特殊人群设计了行为支持计划，以验证积极心理学内容对不同群体学生的教学效果（Solomon et al.，2012）。各种形式的教学为积极心理学的普及奠定了良好的基础。随着积极心理学学科体系的完善，积极心理学的教学内容也日趋完整，呈现出体系化教学的趋势。

三、积极心理学教学体系探索

积极心理学教学体系的确定与1998年1月的艾库玛尔会议密切相关。当时，塞利格曼邀请了西卡森特米哈伊（Csikszentmihalyi）、弗勒（Fowler）等心理学名流在艾库玛尔共商积极心理学的有关内容、方法和基本结构等。这次会议最终确定了积极心理学研究的三个主要内容。①积极的情绪体验。积极的情绪体验主要包括幸福感、开心、快乐、乐观等内容，是一种主观的情绪体验，这种主观的体验能够激发个体的内在潜能，对个体在认知领域、人际交往、身心等方面的发展起促进作用。②积极的人格特质。积极的人格特质主要包括幸福、希望、信心、满意等。关于人格特质的研究始终以人文关怀为前提，包括正性的利己主义和他人人格的积极方面两个维度。③积极的社会组织系统。人的体验、积极品质与社会大环境、社会背景关系密切，个体所处的生活环境系统会对个体自身的心理防御产生一定的影响，积极的环境系统对于个体形成积极的心理防御机制具有推进作用（Seligman，1998）。

当积极心理学研究体系逐渐稳定，研究成果逐渐丰富时，有关这门学科的教学也日臻成熟。国内外大学的心理学专业纷纷开设了积极心理学专业课（Seligman et al.，2005；席居哲等，2019）。积极心理学的目的是帮助人类获得幸福，因此其科普性质的学科特性便被固定下来。将一个学科的知识在各个学龄阶段、各类专业方向中推广并非易事，教育者为了解决这一问题，开始尝试将积极心理学的各个分支与现有的学科内容融合起来，从以下方面开展积极心理学科学普及工作。

（一）积极品质

一个人要成为社会的人，就要进行积极的社会参与。积极参与意味着个体对社会活动有较强的兴趣、好奇心、专注力，个体在追求目标实现的过程中有一定的决心和活力。有研究表明，积极兴趣的产生有赖于积极人格特质的培养以及内在动机的激发（Norrish et al.，2013）。在我国诸多针对积极兴趣的实践中，积极人格特质被放在重要的位置，比如在幼儿教育中开展潜能开发与人格培养（杨丽珠等，2014），在学前儿童及小学教育阶段强调语言能力和智力发展（张莹，2014），通过优势课程进行积极教育等（蔡伟林，2014）。

除了积极人格特质的培养，也可通过激发内在动机来培养积极兴趣。一些职业学校体艺俱乐部通过培养学生的内在动机激发学生的积极兴趣。比如，江苏省江阴中等专业学校就尝试组建学生体艺协会，构建体艺俱乐部，以俱乐部为纽带，培养学生干部的工作能力，挖掘学生的管理潜能；以俱乐部为平台，让学生有表现自我的机会，为职业学校学生建立优越感提供了舞台；以俱乐部为载体，开展各种各样的校园比赛，设立各种奖项，将比赛纳入学校工作计划和安排，使比赛项目实现了规范化、常态化、长期化（陈志峰，2016）。以上三个方面的工作都以培养学生的积极兴趣为目的，让学生在学习过程中发现自己的优势，以此来提高学生的内在动机，进而使学生以更高的标准要求自己，逐渐摒弃不良习惯，使自我得到提升。

（二）积极关系

积极关系同样是幸福的重要方面。在个体与他人的良性互动过程中，积极关系逐渐形成。建立积极关系的典型案例是成都市树德实验中学。成都市树德实验中学将积极心理学与道德教育融合，该校的学生在积极心理学的浸润下关注自己的内心，鼓励自己不断成长。在篮球场上，学生给自己的对手写加油卡。中考前，初一的学生主动给初三的学长写加油明信片，温暖彼此，构建不同年级学生间的积极关系。另外，广州增城区从2014年开始为家长提供积极教育课堂，帮助家长挖掘孩子的潜能。同时，对孩子进行积极教育，增进了孩子对父母的理解。经过3年的实践，增城区的亲子冲突频率大幅降低，学生面对亲子冲突时会冷静处理，因亲子冲突引发的负面影响明显减少，亲子关系更加融洽（曾光，赵昱鲲，2018）

（三）积极情感

在课堂教学中培养学生的积极情感，可使学生的情感与认知共同发展。比如，2017 年 4 月初，运城职业技术学院引进了清华大学积极教育项目。在传道授业解惑中，教师既师夷长技，也促使学生关注幸福感、身心健康、学习动机、积极品质等正面内容，让学生了解人的定义，培养学生的积极情绪，促进学生积极投入，并使学生在追求成就和体验积极意义的过程中享受幸福人生，促成学生个人价值与社会价值的契合（曾光，赵昱鲲，2018）。另外，和谐融洽的师生关系可以促使学生发挥主观能动性，体验式、互动式教学的纳入可以促使学生获得积极的情感体验（杨洋，2016）。一些职业学校通过建立学生体艺俱乐部，充分发挥学生的优势，减少由成绩不理想给学生带来的挫折感和自卑感，帮助学生增强自信心和成就感（陈志峰，2016）。

除了各类分支领域的融合，还有整体上的融合。比如，雷鸣等（2016）将心理健康教育内容与积极心理学教学体系融合起来，立足积极心理学的研究成果，体现了通识教育之义，体现积极心理学教育的本土化特色。在此基础上，雷鸣等从认识与体验幸福、积极情绪与体验、积极的认知、积极的人格、积极的人际关系、压力的积极管理与积极压力、积极的社会环境、积极的自我改变八个方面构建了积极心理学课程的内容板块。这类研究对积极心理学教学内容进行了较好的梳理，但只对积极心理学教学内容的有效性进行了探讨，没有对课程内容之间的相互影响进行论述，也并未深入研究积极心理学的教学方法。

另外，积极心理学教学内容方面的研究有一个重要的弱点，即研究结果检验方法不够严谨。多数研究仅采用质化研究或描述统计的方式检验教学效果（Baş，Firat，2017；Stevanovic et al.，2017；陶爱荣，2016；韩希，2017）。有研究采用了近似时间序列设计的准实验设计检验教学效果（余琳等，2013；高茜，青晓，2017；Romo-González et al.，2013）。但是，近似时间序列的研究设计本身对于无关变量的控制太少，并不能有力证明是积极心理学的内容帮助学生提高了心理健康水平。为了避免这一弊端，孙晓杰（2012）采用实验组、对照组前后测实验设计，对实验组采用积极心理学的教学内容，对对照组进行英语教学。然而这样的研究设计只能证明积极心理学教学内容可以帮助学生提高主观幸福感水平，而学生是真正在情感价值观等方面得到了改善，还是仅仅在问卷的分数上得到了改善，不得而知。清华大学的系列研究采用了更加严谨的随机对照设计，但也存在只是对照积极心理学教学和其他学科教学内容的不足（曾光，赵昱鲲，2018）。不同教育模式在相同教育内容下的效果的差异，尚待探讨。

第三节　积极心理学教学方法

在内容研究的基础上，学者开始对积极心理学教学方法进行研究。目前，我国高等教育中最常用的教学模式是讲座式教学。这种模式具有高效传递知识的优势，能够高效地实现学科教学的目标（费英秋，2012）。其缺点也非常明显，具体如下：①从指导思想上看，讲座式教学模式默认学习了知识就自然而然地发展了能力（王策三，1985），不太重视情感和价值观的培育（杨丽珠，2014），这并不符合我国本科教育立德树人的根本目标（陈宝生，2018），也容易使学生成为记忆的机器。②从理论基础上看，讲座式教学模式在某种程度上忽视了大学生自主性发展的特殊需要，忽视了学生的主体性，一些学生处于消极被动的学习状态（费英秋，2012），严重影响了教学效果。③从教学方法上看，讲座式教学模式采用的是讲授法，教学形式单调，不利于学生对知识的理解和促进其情感的发展（费英秋，2012）。

积极心理学认为，幸福可以通过学习来获得（Seligman et al.，2009），讲座式教学模式重知识轻能力的倾向显然不能满足积极心理学的学科要求。教育须重视学生的主体性需要，积极心理学教学作为大学通识教育的重要内容，也须依照学生的需要设计教学，而讲座式教学模式难以满足这一需求。孙晓杰（2012）认为，积极心理学具有学科教育与情感培养的双重属性。这一双重属性决定了积极心理学教学应具有学科教育和情感培养两大目标。讲座式教学模式可以完成学科教育的目标，但由于其信息单向传递、知识转化为态度行为的效率较低等（费英秋，2012），很难实现情感培育的目标。先前研究表明，情感的发展是和行为的一般结构分不开的（J. 皮亚杰，B. 英海尔德，1980），直接经验与间接经验的互动有利于情感价值观的建立和践行（程霞等，2005），运用多感官参与可以提高情感价值观教育的教学效果（杨荣丽，2018）。另有研究者认为，大学积极心理学教学应该有计划、有组织地利用多种教学方法（Froh，Parks，2013），其中积极心理学的教学实践活动需加强（韩希，2017）。

综上所述，积极心理学想要在大学完成学科教学和情感价值观培养的双重目标，势必要进行三个方面的改革：第一，新的教学模式应既重视理论知识也重视情感的培养；第二，新的教学模式应尊重学生的主体性，调动学生的学习积极性；第三，新的教学模式应通过多种教学方法培养学生的情感态度和价值观。

第五章 积极心理学课程教学设计的理论基础

理论基础是课程教学改革的基石。积极心理学的教学设计同样需要强大的理论基础作为支撑。本章分三节来介绍积极心理学课程教学设计的理论基础。第一节介绍教学模式基础，重点介绍双元互动教学模式。第二节介绍心理学基础，包括班杜拉的交互决定理论、团体动力学原理以及大学生的心理发展特点等。第三节介绍社会学基础，包括齐美尔的社会几何学理论、布鲁默的符号互动论、哈贝马斯的三种认知兴趣理论以及布尔迪厄的实践观点等经典的社会学理论观点。以上这些内容为积极心理学教学设计奠定了坚实的理论基础。

第一节　教学模式基础

一、现代教学模式的流变

（一）教学模式的建立

1. 早期教学模式

教学模式首先零星地出现在夸美纽斯的《大教学论》中。夸美纽斯对人的自然本性、儿童的身心发展特点以及个体的差异做了大量的观察与分析，积极探索教学活动的规律。他崇尚自然，认为人作为自然的一部分，理应服从自然。他直接将教育与自然界事物发展相类比，得出了开展教学活动必须以自然为借鉴的结论，并将“教育适应自然”作为学校创新的主要原则和开展教学活动的主要依据（夸美纽斯，1999）。根据夸美纽斯关于教学的逻辑步骤，其教学模式可归纳为感知、理解、记忆、判断四个部分（常涛，2019）。①感知，即利用感觉器官观察教学对象，它是获得知识的首要步骤。②理解，即学生在对个别事物有所感知后，获得的由具体到抽象、由特殊到普遍的知识。③记忆，通过反复复习、多次练习来实现。但不是任何东西都需要记忆，只需要记最重要的事情，其余的只需领会大意即可。④判断，即对学过的知识的初步应用，辨清事物间的联系与区别，使获得的知识牢固、有用。

夸美纽斯生活的时代是欧洲从封建社会向资本主义社会过渡的历史时期，他提出的教学思想为近代资产阶级教育理论体系的产生奠定了基础。当时的学校教育没有完整的教学计划，也不会根据学生的个性提出有针对性的教学方案。教学形式主要是讲、读、记、练。这种经院主义的教育违反了自然规律和儿童的天性，脱离了实际，是一种非常教条的教育形式。夸美纽斯主张从儿童的感知出发，让儿童充分地理解知识、应用知识。他提出根据儿童的特点和学科特点对学生进行教育，这对近代教育的发展具有重大意义（吴式颖，李明德，2018）。时至今日，夸美纽斯的教学模式也可以说是一种符合儿童发展特点，特别是符合低年龄儿童发展特点的较好的教学模式。

2. 传统派教学模式

传统派教学模式的代表人物是赫尔巴特（Herbart），是德国近代著名的教育家。他的教育思想对19世纪后半期到20世纪初叶教育学的发展产生了显著的影响，推动了教育学的发展（黄华，2012）。

赫尔巴特教学模式的根本指导思想在于教育性教学原则，认为教育必须帮助学生形成一定的道德品质和道德观念，使其成为完善的人。此时的教育性特指对学生进行的道德教育。

赫尔巴特将心理学作为其教学模式的理论基础。他认为在学龄前阶段，抚养人必须帮助儿童形成一些新观念（夏惠贤，1993），这些观念要能帮助儿童掌握所学的教材。在教学时，教师应当广泛地应用直观原则，在不能演示事物本身的时候，必须演示图形，但不能长时间地演示同一东西，因为单调会使儿童生厌。教师讲述的整个内容应当互相联系，引用不相干的材料会妨碍统觉的形成，并且可能打破观念的连贯性。教学不应当过难或者过易，如果过难，统觉不容易形成，容易导致教学失败；如果过易，统觉过程就会立刻完成，这样统觉是不能进行充分活动的。在赫尔巴特的教学思想中，兴趣既是目标也是手段（夏惠贤，1993）。统觉是在产生兴趣的条件下工作的，兴趣会直接影响统觉过程。他认为健康的心智活动需要平静的情绪以及乐于接受外部刺激的状态，二者都取决于兴趣，兴趣越广泛、持久，心智活动的总量就越大。兴趣不仅是智力活动的最佳情绪背景，还贯穿于统觉的全过程，教学必须能够激发学生的学习兴趣。

赫尔巴特从统觉的理论观点出发，提出了教学模式的基本程序，即明了、联合、系统和方法（庹登磊，周高健，1991）。在明了阶段，教师要明确、清楚地讲解、分析教材，并尽可能地使用多种教学方式，将直观教学与讲解相结合。学生则集中注意力去感知新教材的内容，深入研究新教材，把所要学习的内容从与它所联系的一切东西中分离出来。赫尔巴特从兴趣的角度出发认为，这是注意的阶段。在联合阶段，教师要在已有知识的基础上与学生自由谈话，引起学生对已有知识的回忆，并使新知识、新观念同旧知识、旧观念相联系。学生则要集中注意力深入思考，在已有知识、观念的基础上，形成新知识、新观念，但这时学生还不能从新旧的联系中发现什么。赫尔巴特认为，从兴趣的特征看，这属于作为获得新观念前的一瞬间的期待阶段。在系统阶段，教师要采用更为连贯的陈述方式，突出主要思想，使学生感觉到系统知识的优点，从而把知识组织得井井有条，最后做出概括和结论。因此，教师如何帮助学生进行概括，是这一阶段教学的重要任务。学生则要将新学的知识纳入已有的知识体系中，并在新旧知识的联系中寻找规律和得出结论。从兴趣方面看，这属于探求阶段。在方法阶段，学生要把系统化了的知识应用于实际，即通过练习将所学知识应用于新的场合，这就是问题解决能力。从兴趣来看，这属于实际行动阶段。学生自己去做作业，教师批改学生的作业和练习，这是学习的最高阶段，也是赫尔巴特提出的阶段教学。

赫尔巴特的阶段教学模式在近代教育史上占有重要地位，是教育史上首次明确提出的教学模式。这种教学模式对于在基础教育中培养合格的人才有一定作用。特别是他提出的建立在儿童兴趣的前提下的教学模式，注意心理过程的整体性、连续性，反映了儿童认知发展的规律。然而，由于时代的局限性，赫尔巴特的教育学具有保守主义的倾向，在教育史上被称为传统派。在实施的过程中，如果过于注重形式，就会使教学机械死板。这也正是人们批评赫尔巴特的阶段教学的主要原因。赫尔巴特的教学模式可以概括为课堂中心、教材中心和教师中心。赫尔巴特重视教师的主导性，但在一定程度上忽视了学生的主动性，忽视了学生是学习的主体。这种批评是有道理的，当然这也并不能完全归罪于赫尔巴特，因为其理论的继承者及其他研究者往往忽略赫尔巴特教学思想特别强调的因素——兴趣，仅仅将注意力集中于教学的程序。夏惠贤（1993）曾指出，赫尔巴特被当成一个鼓吹知识教学的人。在这种以书本知识作为唯一教学目标的模式中，学生唯教师的话是从，不允许获取自己的经验，还有人说赫尔巴特否认人的主观能动性的存在。这些批评是不公正的，因为这些批评者忘记了学生的体验在教育性教学中发挥着重要作用，也忽视了兴趣作为学生自身独立的智力活动。因此，有必要进一步研究赫尔巴特与其后继者的教育思想及其教学模式方面的差异，重新评价赫尔巴特。不管如何评价赫尔巴特，有一点是人们公认的，即他的阶段教学模式促进了教学模式的研究，也成为杜威（Dewey）的实用主义教学模式产生的前提，因为杜威的实用主义教学模式就是在对赫尔巴特的阶段教学模式进行批评的前提下建立起来的，而真正意义上的完整的教学模式产生于近代。

（二）国外现代教学模式的发展

1. 实用主义教学模式

（1）理论背景

实用主义教学模式的代表人物是杜威。杜威的实用主义教学模式的产生与其生活的时代背景有着密切的关系。当时，由于赫尔巴特的教学模式及其变式逐渐被19世纪末20世纪初欧美的教师所接受，成为一套固定的模式，教学变成了既缺乏生气又没有热情的刻板程序。这种忽视学生主动性、脱离社会实际的传统的教学模式逐渐成为美国资本主义发展的障碍。对当时社会发展趋势及赫尔巴特的传统教学模式的弊端的认识，使杜威产生了建立新型教学模式的欲望。他根据自己的实用主义哲学提出了实用主义教学模式（丁永为，2012）。

杜威对社会的认识构成了其教育理论的出发点，而他对儿童的看法直接催生了以儿童为中心的教育原则。杜威认为，儿童来到学校时，已经是达到学习的准备状态的人。教育只需要对他们的活动加以掌握和指导。儿童有四种基本的天生的冲动，包括交流、探究、制造和艺术表现。这些冲动是儿童先天的资源，如果要使儿童积极地成长起来，就必须充分发挥这四种冲动的作用（上海师范大学教育系，杭州大学教育系，1977）。教师的任务就是以儿童为中心，根据儿童的天性，对儿童的活动加以引导。杜威把从教师中心转到儿童中心的转移称为一种革命。可以说，杜威教育理论的出发点是以社会发展为中心，而其教学模式的出发点和中心则是儿童。

杜威把教育和儿童学习的过程看作经验的改造或重新组织（上海师范大学教育系，杭州大学教育系，1977）。他认为，教育就是通过儿童的主动活动去体验一切和获得各种直接经验的过程。因此，他非常重视儿童在主观与客观交互作用中获取经验的过程，重视儿童自身的活动。因此，他提出另一个教育的基本原则——从做中学，并把它作为教学理论的中心原则。杜威从社会需要出发，重视促进学生的全面发展，特别重视学生的习惯、品格、思维品质及创造性思维能力的培养。

（2）模式内容

基于以上教育思想，杜威形成了自己独特的教学程序：情境、问题（疑难）、占有材料、假设、推断及验证（上海师范大学教育系，杭州大学教育系，1977）。①情境：思维起于疑难，而疑难的产生有赖于活动的情境，但并不是所有的疑难都能引起思维。能够引起思维的疑难情境必须和儿童的已有心理水平相适应，既不能太难，也不能太容易。因此可以说情境是思维的起点。②问题（疑难）：疑难情境使儿童产生了确定的、急需解决的问题。这些问题成为儿童思维的刺激物，能直接激发儿童产生强烈的解决问题的欲望。这种欲望成为儿童进一步思维和活动的动力。③占有材料：占有、利用材料，进行直接的观察，并激发儿童已有的经验，将新旧经验联系起来。④假设：根据材料和亲身观察做出种种假设。⑤推断：根据假设进一步考察事实，推断每一个阶段的结果，看看哪个假设能解决这个问题，整理并列出解决问题的方案和办法。⑥验证：进行实验，证实、否定或改正假设，让儿童自己去发现假设是否有效。

（3）简评

杜威的教学模式反映了他的实用主义哲学观点。他所倡导的“做中学”观点在其教学模式中得以充分体现。杜威的教育思想及其教学模式促进了现代学校教育理念的形成，对中国的教育制度及教育家也有着深远的影响。虽然杜威的教学模式与赫尔巴特的阶段式教学模式形成了鲜明的对比，但这两种典型的教学模式都为后来教学模式的发展奠定了基础。

2. 五环节教学模式

（1）理论背景

五环节教学模式由教育学家凯洛夫（Каиров）提出。它产生于特定的历史背景，从十月革命到20世纪20年代末，苏联受杜威实用主义教育思想和教学模式的影响，犯了轻视系统知识的错误。20世纪30年代初，政府开始纠正这一倾向，凯洛夫基于此设计了五环节教学模式。

（2）模式内容

凯洛夫认为，教学就是传授知识的过程，个体掌握知识的过程和人类在其历史发展中认识世界的过程类似。辩证唯物主义认识论的感性认识—理性认识—实践的规律就是凯洛夫教学模式的理论基础。从这一思想出发，凯洛夫认为教学就是学生在教师的引导下经历的特殊认识过程，是教师组织学生感知、理解、巩固、应用知识的过程，由此形成了五环节教学模式，即组织教学、复习旧课、讲授新课、巩固新课和布置作业（凯洛夫，1950）。

在五环节教学过程中，凯洛夫秉持以教师为中心、以课堂为中心和以教材为中心的基本教学策略。以教师为中心是指教师本身是决定教学效果的最重要的、有决定作用的因素。以课堂为中心是指上课是教学工作的基本组织形式，他总结并提出了一整套关于课堂的类型及结构的基本原则和方法。以教材为中心是指学校应该实行以教材为中心的分科教学，重视人们的间接经验。

（3）简评

凯洛夫的教学模式最显著的特点和优势就是紧紧把握了教师、教材与课堂，这对促进学生基本知识和基本技能的发展具有重要意义，对当时的教育起到了很大的推动作用，培养了大批具有系统科学文化知识和基本技能的年轻人。但是，凯洛夫的五环节教学模式不能真正落实人的全面发展的目标，片面强调教师的主导作用，忽视了学生的主体地位及能动性，而且教学过程、内容及方法都缺乏灵活性和创新精神。但同时正是这些不足，为后来的教学模式发展提供了改进的思维起点。

3. 发现式教学模式

（1）理论背景

发现式教学模式的提出者是美国著名教育心理学家布鲁纳（Bruner）。发现式教学模式也被称为结构教学模式。这种教学模式对美国及全世界都产生了较为广泛的影响。

1959年，美国国家科学院（National Academy of Sciences，United States，NAS）在伍兹霍尔（Woods Hole）召开会议，讨论如何促进中小学数理学科的课程改革。布鲁纳任大会主席并撰写了具有划时代意义的大会总结报告——《教育过程》（吴式颖，李明德，2018），阐明了美国20世纪60年代课程改革的指导思想，提出了以课程现代化为中心的教育模式，强调课程结构的重要性，提倡应用发现法进行探究性学习（布鲁纳，1982）。

发现式教学思想的产生，可以追溯到古希腊苏格拉底的产婆术教学方法，近代西方的第斯多惠（Diesterweg）、斯宾塞（Spencer）等也都提倡引导儿童自己去探讨、推论进而发现知识。杜威的教育思想中也不无发现式学习的思想。但现代的发现式教学模式的传播，应该归功于布鲁纳的积极倡导。布鲁纳认为，发现式学习不仅包括寻求人类尚未知晓的东西，还应包括用自己的头脑来获得知识的一切方法。布鲁纳对发现方法的独特认识，构成了发现式教学模式的理论基础和依据（转引自邵瑞珍，1978）。

对于发现式教学的内容，布鲁纳认为教师不论教什么学科，都应该帮助学生理解该学科的基本结构。所谓学科的基本结构指的是该学科的基本概念、基本原理以及它们之间的关联性。布鲁纳认为，只有理解学科的基本结构，儿童智力才能获得发展（布鲁纳，1982）。

（2）模式内容

在结构与发现思想的指导下，布鲁纳提出了发现式学习的教学模式。在这种教学模式中，教师的任务是向学生提供事实或问题，引导学生主动去探索，同时为学生提供解决问题的多种策略；学生则在主动积极的思维活动中，认识、理解并掌握相关的科学知识，逐步发展自身的独立思考和自主学习能力。根据布鲁纳的理论和日本学者的一系列实验研究及事实观察，发现式学习的基本程序可分为以下几个阶段（陈琦，刘儒德，2019）。

1）提出问题，确定发现目标。教师根据教学需要，提出一个或几个问题，作为学生发现活动的目标。

2）带着问题意识观察具体事实。发现式学习始于对具体事实或形象的观察。没有强烈的问题意识，发现式学习很难进行。这就要求教师创设带有诱导性的问题情境，在这个情境中提出具体事实。在观察的过程中，学生逐渐由混沌到能够清晰地把握明显的个别事实，而此时的个别事实是零散、片面的，教师要帮助学生把零散的、片面的事实组织成核心事实，即让学生把握事实的本质。

3）确立假设。通过教师的指导和学生间的讨论，师生将所得的知识从各种不同的角度加以改组、组合，使各部分之间的联系逐渐清晰，师生最终形成统一的认识结构，并提出假设。

4）上升到概念。前面讲的假设仍然是每个学生带有感性色彩的、主观的观念，因此必须把这种主观的、不确切的、未分化的假设上升到客观概念的高度。在这个过程中，需要做双重取精：一是逻辑地取精假说的内容，即纠正假设中的不完整和矛盾之处，使之具有合乎逻辑的、前后一贯的脉络；二是同事实相对照，要特别注意同假说不一致的事实，据此重构假说。通过这个逻辑思维的过程，不确切的假说上升为精确的概念。这时教师的提问显示出分析、综合的特点，起着引导的作用。

5）转化为“活”的能力。上一阶段形成的概念实质上不过是定型化了的知识、技能，接着要把它同实际结合起来，进一步转化为能动的能力。也就是说，要把前一阶段的抽象化、凝固的认知结构改变为灵活的、动力型的认知结构，对事物之间的内部关系达到灵活掌握、自如运用的水平。促进此种转化的教学就是应用，亦即在现实的具体情境中使用概念解决问题。解决具体问题又反过来对概念本身产生一种反作用，充实、改变概念的内涵，使之转化为能力。当然这个过程不是一蹴而就的，需要反复进行。

（3）简评

目前，人们对布鲁纳倡导的发现式教学模式给予了较多的关注及较好的评价。从发现式学习的过程可以看出，其主要是培养学生自主学习的能力，能够帮助学生掌握发现式学习的方法和迁移知识的能力，培养创造的态度。但发现式学习也不是万能的，有其自身的局限性。一般认为，发现式学习需要学习者具备一定的知识、经验及思维能力，因此更适用于高年级儿童，包括小学五六年级学生、初中生、高中生及大学生，在内容方面更适宜理科内容的学习。此外，发现式学习耗时较长，并不是所有的教学内容都适合使用这一方法。

4. 掌握学习教学模式

（1）理论背景

布鲁姆（Bloom）是当代倡导教育革新的著名学者，其著名的教育目标分类学在世界上有极为广泛的影响。与教育目标分类密切联系的掌握学习教学模式对促进教学模式理论的发展具有重大贡献。

在传统教学中，教师对学生成绩的正态分布深信不疑，并将其作为评价自己教学效果的依据，对于部分学生学习成绩的不理想也觉得理所当然。布鲁姆对此进行了尖锐的批评，认为这些使师生学业目标确定化的预想，是当今教育系统中最浪费教育资源、最具破坏性的一面，它降低了师生的抱负水平，也削弱了学生的学习动机（黄宇星，2003）。改变这种状况，是布鲁姆教学模式的直接出发点。

布鲁姆及其助手通过实验、观察、追踪研究，为自己的理论找到了实验证据，提出在同龄儿童中，除了1%～2%的超常儿童和2%～3%的低常儿童外，95%以上的学生在学习能力、学习速度、学习动机等方面并无大的差异（Bloom，1981）。只要有适合学生学习特点的学习条件，几乎所有的学生都能学会。因而，使95%的学生掌握所学的知识就成为掌握学习的指导思想。

布鲁姆将自己对儿童的观察研究作为其掌握教学模式的理论基础之一。同时，布鲁姆还结合管理学中的目标管理原理，提出了自己独特的教育目标分类学。他将教育目标做了大分类、中分类和小分类的划分，教育目标逐渐层次化、具体化（洛林·W. 安德森等，2009）。

（2）模式内容

布鲁姆将教学目标具体化，并逐步、有计划地使学生达到目标。为了达到教学目标，布鲁姆提出了掌握学习这一教学模式。进行这种模式的教学，首先要按教学要求把教材分成以1～2周为周期的单元，在每个单元完成之后进行诊断测验，及时发现学生学习中存在的问题。对于未通过测验的学生，由另一位教师有计划地做与第一次不同的讲解，直到学生掌握有关教学内容为止。

具体教学程序如下：①让学生明确具体教学目标。教师在开展教学内容之前，先要确定要求学生学习什么，希望他们怎样学习，达到什么程度，并与学生共享目标。②逐个单元进行学习，并达到掌握的程度。把整个教学内容分成一系列单元，对全体学生实行集体教学。③对学生进行单元课后测验（形成性测验）。教师在讲授完每一单元后，对全班学生进行单元形成性测验，教师出示标准答案，由学生自己评分，若成绩达到 80～85 分，就算已经掌握，对那些未达到这一成绩的学生进行矫正。矫正方式有集体矫正、小组矫正和个别矫正三种。④在第二次教学结束后，对矫正结果进行一次平行性的形成性测验，即让那些经过矫正的学生回答第一次形成性测验时未做对的问题。⑤学期结束时，对全体学生进行最终评价（终结性评价）。根据学生不同的掌握程度做出评价，分数达到或超过掌握标准的学生得 A（或相当于 A 的等级）。对成绩低于标准的学生，则采用两种评定等级的方法：一种是对没有完成学习任务的学生进行评定（即这些学生没有在足够的时间里得到足够的帮助），教师要随时记录这些学生成绩提高的情况；另一种方法是用其余等级（B、C、D、E）评定（Bloom，1974）。

（3）简评

布鲁姆的掌握学习注重对学生学习过程的诊断，帮助学生解决疑难问题，学生的学习兴趣、学习能力和学习水平等都得到了较大的提高，学校仅关注少数尖子生的现象有所改善，给美国的教育带来了新的活力。掌握学习的教学实践在美国、日本等十几个国家的正常和特殊儿童中均得到了广泛的应用，并取得了良好的效果，表明掌握学习具有一定的可行性和实用性（王帅，2007）。

但是，掌握学习也存在一些局限，比如，掌握学习更有利于知识和技能的掌握，而对于学生创造性的培养作用有限。另外，掌握学习教学模式受班级规模的影响较大，从目前的实验结果来看，大班额的教学效果并不理想，班级人数控制在 25 人以下为宜。

5. 非指导性教学模式

（1）理论背景

非指导性教学模式的创始人是罗杰斯。他是美国著名的人本主义心理学家，人本主义心理学的创始人之一。罗杰斯认为，传统教育中教师是知识的拥有者，学生是接受者；课堂讲授、教科书或者其他一些语言中立的教学手段，是接受者获取知识的主要途径；教师是拥有权力的人，学生只能服从；教师和学生之间缺乏信任。权威者制定的规则是课堂上必须遵守的政策；教育主体（学生）总是被恐惧和威胁所控制。学生在教学环境中感受不到平等和尊重；教育系统只注重学生的智力发展，而不重视人的全面发展；传统教育的政治模式意味着决策由高层来做，控制权极为重要；教师用学分、就业机会作为奖励，用考试不及格、不予毕业等惩罚性的方式制造恐慌；教师像壶一样将自己拥有的知识和技能灌输给学生（Rogers，1983）。

罗杰斯认为，以人为中心的教育取向处于教育连续体的另一个极端。维持以人为中心的教育需要一个重要的前提条件：一个被认可的权威人物，他和与他有关的人都能够感受到充分的安全感，相信别人有独立思考和学习的能力。这一权威人物将人类视为可信赖的有机体。在拥有这一前提的基础上，促进性的领导会产生连锁效应。促进性的教师与他人（学生、家长等）共同承担学习过程中的责任。促进者提供学习资源，学生提出自己的学习课题，自己或与他人合作完成课题。促进者关注的是如何保证学习过程的持续性。学生通过自律实现个人目标，自己评估学习成果。与传统的课堂学习相比，在这种成长氛围中，学生的学习更加深入，学得更快，并且对其生活和行为的影响更大（卡尔·罗杰斯，杰罗姆·弗赖伯格，2015）。

（2）模式内容

罗杰斯反对任何固定、僵化、一成不变的东西，他从未正面描述过非指导性教学的教学程序，只是隐含在其教学理论中。①创立接受的气氛，教师与学生无拘无束、自由自在地交流想法，从而使学生积累经验，树立自信心，发挥创造性。②提出问题，安排情境。首先提出问题：我们今天希望讨论什么或做什么？然后，由学生各自提出感兴趣的问题，经过讨论后形成小组全体成员共同感兴趣的问题，从而确定教学目标。如果学生提出的个人目标含糊不清、相互矛盾，教师则要将其引导到小组的共同目标上来。③提供资源。共同讨论，在确立教学目标后，教师为小组成员提供一些可利用的资源，如书籍、录音、拜访有关人士等。学生参与小组讨论，共同实现教学目标。当然，如果学生希望教师讲授，教师可根据学生的要求进行讲授（卡尔·罗杰斯，福雷伯格，2006）。

（3）简评

罗杰斯的非指导性教学模式的关键在于促进学生学习。其优点在于相信积极的人际关系能够促进人的成长。教师在这一理念的指导下从支配者转变为学生发展的支持者、促进者。这一理念及教师行为方式的变化对于促进师生互动、学生自主探究都有重要的积极意义。但是，罗杰斯的教学模式要获得成功也面临着挑战。第一，对教师的素质有较高的要求。教师要有大量的知识储备，并能随时对学生的提问进行充分的解答。第二，对教师的时间和精力的要求非常高。在非指导性教学中，看似教师什么都不做，但是教师要营造好学习气氛，并且要准备大量材料，这些都要花一定的时间和精力。第三，“以学生为中心”与“以教师为中心”的平衡。非指导性教育模式是典型的“以学生为中心”的教学模式。但是在实际教学中要取得有效的教学效果，教师必不可少。因此，采用这种教学模式，需要平衡好“以学生为中心”与“以教师为中心”。

6. 范例教学模式

（1）理论背景

瓦根舍因（Wagenschein）和克拉夫斯基（Kowolski）是德国著名的教育家，他们所提倡的范例教学被认为是德国教育现代化的一个特色。

范例教学产生于20世纪50年代。第二次世界大战后，为了培养有真才实学的人，德国认为必须提高教育的质量，而当时传统教育占据主导地位。瓦根舍因和克拉夫斯基等对传统教育发出挑战。他们认为，传统教学存在以下两方面的问题：第一，传统教学追求系统性，把系统性的认识同教学材料的系统性混淆起来。第二，学生获取的知识与实际脱节，难以了解其科学意义和社会意义。针对这些弊端，他们在教学内容和教学方法方面进行了大胆的改革，创立了范例教学模式。20世纪60年代，这种教学模式在世界产生了深远影响。范例教学的理论基础是对学生和教材关系的认识。瓦根舍因和克拉夫斯基认为，学生是主体，教材是客体，应把这两个主要的教学因素很好地结合起来（李其龙，1993）。在这个思想的指导下，瓦根舍因首先在物理和数学两门学科中进行实验，逐渐形成了范例教学模式（Wagenschein，1959）。

（2）模式内容

所谓范例教学，就是通过挖掘教材中那些隐含着本质因素、根本因素、基础因素的典型事例的教学，使学生掌握科学知识和科学方法论。瓦根舍因描述了这种教学模式的基本特点：集中性、主动性、自发性和期待性。

范例教学的基本程序分为以下四个阶段。①范例性地阐明“个”的阶段。这个阶段主要是从个别事实和个别对象出发，具体地说明事物的本质。②范例性地阐明“类”的阶段。这一阶段必须在前一阶段的基础上，通过对个别事物进行归类，从中探讨类似现象，对本质特征相近的个别现象做出归纳和总结。③范例性地掌握规律的阶段。在前两个阶段的基础上，教师引导学生提高对事物或现象的规律性认识。④范例性地获得关于世界与生活的经验的阶段。这个阶段是在前三个阶段的基础上，进一步使学生掌握怎样将所学的知识与现实生活联系起来，从而使学生获得应用知识的能力。这个阶段是最重要的，只有实现这个目标，教学才能获得成功。

（3）简评

范例教学在20世纪60年代德国的教学改革中发挥了重要作用，对我们今天的教学改革也不无启示。首先，范例教学有利于减轻学生的负担。范例教学精选一些具有基础性、基本性和示范性的范例来组织教学，使得教学内容集中化、客体化，具有少而精的特点，这在很大程度上减轻了学生的负担。其次，范例教学有助于增强教育的实效性。范例教学特别强调从个别到一般的教学。在教学过程中，教师精选的范例有非常强的迁移作用，能够达到使学生举一反三、触类旁通的学习效果。最后，范例教学有助于增强教学的系统性。范例教学能帮助学生在某类情境下获得相关能力，同时由于教师的精心组织，又克服了“发现式”学习获得的知识零碎、不系统的弊病。但是，范例教学也有其缺点，比如，它完全否定传统教学，在教学实践中没有办法把所有知识都用范例的形式表达出来，教师要选取恰当的范例也面临极大的挑战。

7. 信息加工教学模式

（1）理论背景

加涅（Gagne）是美国当代著名的教育心理学家和杰出的教学设计理论家。他的研究成果对很多国家都产生了广泛的影响，他提出的信息加工教学模式被广泛地采纳。加涅的教学模式建立在现代信息加工理论的基础上。信息加工理论研究人如何注意和选择信息，如何认识和储存信息，如何利用信息制定决策、指导外部行为等（加涅，1999）。

（2）模式内容

加涅的信息加工教学模式以学习理论为基础。他首先用信息加工的观点分析学生学习的过程，根据学生学习的过程，确定了相应的教学阶段（加涅，1999）。①动机阶段。教师用能引起学生兴趣的方法来激发学生的动机。教师在这个阶段还有一个目的，就是要把学生的兴趣和学习成果联系起来。②了解阶段。教师要提供刺激，引导学生的注意力有选择地知觉刺激情境的具体特点。③掌握阶段。教师引导学生将知识通过编码形式存入长时记忆中。同时，教师要激发学生意识到自己所应用的编码策略。④保持阶段。这个阶段属于信息的储存阶段。在信息储存过程中，有可能会由于信息简化或者信息相似造成存储错误。此时可以采用适当安排学习条件或学习内容的方法来解决。⑤回忆阶段。在这个阶段，教师或学生提供线索，使信息得以提取，提供线索时应当运用恰当的策略。⑥概括阶段。学生利用教师提供的情境，以新颖的方式将学到的知识迁移到以前不曾遇到的情境中。⑦作业阶段。这一阶段是教师向学生提供机会展示他们已经学会了某些知识。这些机会也为下一阶段的反馈做好了准备。⑧反馈阶段。在这一阶段，学生会感受到自己的作业接近或者达到预期目标的程度。在此阶段，强化产生了重要的影响。

（3）简评

加涅的教学模式注重将教育学与学习心理学结合起来，代表了教学理论的发展趋势。这种教学模式提醒教育者，只有根据学生的心理发展规律进行教学设计，才能收到良好的教学效果。但也有人认为，加涅的教学系统设计理论以学习活动为首要假设有局限性（Merrill et al.，1990），即内容分析缺乏整合性，学生无法理解复杂、动态的现象。此外，该理论在知识的习得上缺乏具体举措，课程的组织策略也流于表面。加涅的教学模式是一个封闭的系统，很难将各个教学阶段有效衔接起来。这一模式更适用于数学这样的规范学科，但在语文这样的非规范学科中应用似乎较难（林颖，2000）。

（三）我国现代教学模式的发展

1. 我国教学的一般模式

人们普遍认为，我国教学实践中长期以来普遍采用的教学模式为传递—接受教学模式。追溯我国的传递-接受教学模式，主要应该归于凯洛夫的五环节教学模式。多年来这种教学模式为中国培养了一批又一批的建设者，确实为中国的发展做出了突出的贡献。传递—接受教学模式具有以下优点：一是能够保证学科的整体结构，保证学生知识体系的完整性。二是在单位时间里传播的信息量大，能使学生在单位时间里比较迅速有效地获得各科的知识信息。因此，从这一意义上说，这种模式确实是人类传播系统知识的最经济的模式之一。三是能充分发挥教师的主导作用，易于达到预期的教学目标。

随着时代的发展，特别是信息社会的到来，这种传统教学模式的弊端也越来越明显。这主要是由于这种教学模式使学生被动地接受教师提供的信息，教师讲得多而学生活动得较少，容易出现注入式和填鸭式倾向，学生在学习中死记硬背，不易于发展能力及主动性和创造性，从而影响了社会适应能力的发展。因此，它被认为是一种亟须改革的教学模式。

2. 我国教学模式的发展

20 世纪 60 年代，我国的一些教育工作者就开始了对教学的实践，特别是开始了对学科教学模式的探索，如语文教学实验、数学教学实验等。改革开放以来，我国的教学改革实验蓬勃发展，对教学模式的理论研究也越来越深入。通过借鉴、吸收国外的教学模式及结合我国的教育改革实际，目前我国已经形成了一些较稳定的、各具特色的教学模式。在此介绍几种比较典型的教学模式。

（1）自学辅导教学模式

1）理论背景。自学辅导教学模式是一种以学生自学为主的教学模式。自学辅导教学模式产生于20世纪60年代。中国科学院心理研究所的卢仲衡等自1963年开始进行初中数学教学的实验研究，1965年，在总结全国实验的基础上，依据心理学原理，编写了学生自学课本、练习本、测验本等。学生在教师的指导和辅导下，自学、自练、自批作业。在一节课中，学生的自学时间达到了30～35分钟。教师的作用在于启发指导、督促检查、辅导提高等。经过多年的教学实验，目前其已经成为一种比较稳定的教学模式（卢仲衡，1984）。属于这一教学模式的还有上海育才中学的“读读、议议、练练、讲讲”八字教学法；辽宁语文特级教师魏书生的中学语文教学六步教学法；湖北大学黎世法的中学“六课型单元教学法”；上海特级教师钱梦龙的“中学阅读教学模式”等。

2）模式内容。自学辅导教学模式的效果好坏直接取决于学生的自学水平。学生的自学水平和自学习惯的培养可以分成四个阶段。①1～2周。重点教给学生阅读的方法，让学生学会粗读、细读、精读，在阅读的基础上正确理解词义、题意，会概括段落大意，掌握解题要求与基本格式。②2个月左右。教师在分析教材和了解学生的基础上，拟定启发自学提纲和小组检查提纲。在学生自学后，教师按照检查提纲提问。这一阶段的教学目标应该是让学生学会自己学习、自己总结。教师在这个阶段要注意进行个别教学，帮助学生学会自学。③半年到一年的时间。重点培养学生自学的独立性。教师不再制作自学提纲，而是要求学生学会自己进行小结、归纳与概括，总结相关知识的逻辑关系，鼓励学生在自学中发现问题和提出问题。在此过程中，教师仍要注意个别教学。④全体学生都能适应自学辅导教学模式，形成良好的自学习惯，充分发挥学习的自主性。

3）简评。自学辅导教学模式能够更好地调动学生的主动性，有利于培养学生的自学、独立分析问题和解决问题的能力。这种个别教学对不同水平学生的发展也有促进作用。然而，自学辅导教学模式有一定的局限性。其一，由于自学需要一定的能力，如阅读能力及分析能力等，它不适合低年级儿童。从这种模式的起源来说，它是针对中学生的。其二，这种模式对教师的水平要求很高，教师对教材的把握、在教学过程中对教学环境的控制等都会直接影响教学效果。

（2）示例演练教学模式

1）理论背景。示例演练教学模式是通过让学习者从选择出来的有限例子中主动地获得一般的及可概括的知识、能力和态度。20世纪80年代，美国著名的认知心理学家西蒙（Simon）到中国访问，把信息加工的心理学思想带到我国教育界，并指导我国学者。学者对示例学习在掌握代数、几何、物理等学科知识的效果和信息加工过程进行了研究，发现其效果明显（朱新明，李亦菲，1998）。

2）指导思想。在了解学生获取知识过程和特点的基础上，科学地设计教材和教法，通过教师的指导使学生高效率地获取知识和发展认知技能。

3）模式内容。示例演练教学模式借鉴了杜威的“做中学”思想和德国的范例教学模式，结合现代信息加工心理学，形成了自己独特的教学模式。这一教学模式的具体过程包括五个环节。①将知识表示为产生式规则。产生式实际上是计算模型，每个产生式包含一个情境描述部分和一个动作部分，情境是操作的条件，动作就是相应的操作。也就是说，当一个产生式的条件得到满足时，个体就执行这个产生式的部分动作，如红灯停绿灯行，其中的红灯、绿灯就是条件，停和行就是动作。②围绕产生式规则设计示例学习材料。与传统的学习材料不同，示例学习材料主要由有解的例题和问题组成，包含一些对知识的引导性陈述。这些学习材料可以使学习者利用自己已经掌握的知识和技能，对例题或者问题进行分析，并试图从中发现新的知识和解决问题的策略，从而达到使学生获取知识的目的。③学生根据自己的情况确定学习的速度，教师在课堂上注重个别指导，这是一种有指导的发现式学习。④学生通过产生式的学习方式来掌握相关概念及原理。这时学生已经获得了基本知识。⑤优化和调整产生式。在学生获取某一领域的产生式后，随着他们在这一领域内解决问题的数量的增加，他们对这一领域问题的判断能力和解决技巧逐步得到了发展，这时学生的学习能力也得到了发展。

4）简评。示例演练教学模式的优点在于：①有利于简化烦琐的知识，便于学生掌握最基本的知识和技能；②有助于培养学生的逻辑思维、自学等多种能力；③有助于减轻师生的负担。这种教学模式的局限性在于，教学必须按照固定的教材进行，只有在专家的指导下才能收到好的教学效果。同时，它只适用于理科的学习。

（3）尝试教学模式

1）理论背景。邱学华依照先练后讲的思路，于20世纪80年代初创立了尝试教学模式。这一模式首先被应用于小学数学教学，并取得了良好的效果。随后，其应用从小学发展到中学，从数学发展到语文、自然、物理、化学等学科。它的目的是培养学生的自学能力，发展学生的智力，培养学生的探索精神（邱学华，1994）。尝试教学模式的理论基础主要有四个方面。①以科学的辩证唯物主义的内外因关系作为哲学基础，充分发挥学生的主体作用和教师的主导作用。②迁移规律是其心理学基础。所谓迁移就是已有经验对新课题学习的影响。尝试教学注重帮助学生将已有的知识和经验应用到新的场景中。③桑代克（Thorndike）的尝试错误说表明尝试和错误是学习的基本形式，这也是尝试教学模式的理论基础之一。④维果斯基的最近发展区理论也为尝试教学模式提供了心理学依据（邱学华，1996）。

2）模式内容。通过教学实验，研究者已经建立了以七步为特征的教学程序。第一步，准备练习。这一步是学生尝试活动的准备阶段。出示尝试题不能太突然，应该采用“以旧引新”的办法，从准备题讨论过渡到尝试题，发挥旧知识的迁移作用，为学生解决尝试题铺路架桥。第二步，出示尝试题。这一步是提出问题。尝试题一般要同课本中的例题相仿，如同类型、同结构，这样便于学生通过自己阅读课本内容去解决尝试题。尝试题出示后，教师应激发学生的学习兴趣，提出启发性问题，如“老师还没有教，谁会做这道题？”“看谁能动脑筋，自己来解决这个问题？”先让学生思考一番，然后转入下一题。第三步，自学课本。这是为学生在尝试活动中自己解决问题提供信息。出示尝试题后，学生产生了解决问题的愿望，这时引导学生阅读课本内容就成了学生的需要。阅读课本前，教师可以适当提一些思考题作为指导。学生带着问题自学课本，目标明确、要求具体、效果好。因为学生自学课本内容后必须解决黑板上的尝试题，自学课本内容的效果当时就能看到，这样能够调动学生的积极性。在自学课本补内容的过程中，学生遇到困难时可随时提出，教师要鼓励学生质疑。通过自学课本内容，大部分学生有了解答试题的办法，跃跃欲试，时机成熟就转入下一步。第四步，尝试练习。一般让不同学习水平的学生进行板书演示，全班同学同时练习。教师在此过程中要进行巡视，及时了解学生进行尝试练习的情况，学生练习时，可以继续看书上的例题，边看边做，也可以同座之间相互讨论。尝试练习结束后，就转入下一步。第五步，学生讨论。尝试练习后，可能一部分学生做对了，另一部分学生做错了。教师根据不同学习水平的学生板书演示的情况，引导学生讨论。板书演示的学生可以讲讲这样做题的理由，对不同看法可以进行讨论，这有利于提高学生的口头表达能力及推理能力。尝试练习后，学生迫切想知道对错，这时教师讲解的时机就到了，可以转到下一步。第六步，教师讲解。这一步要确保学生系统地掌握了知识。有些学生会做尝试题，可能是模仿例题的形式，并非真正明白其中的道理。因此，在学生进行尝试练习以后，教师还应进行讲解。这里的讲解与传统方法不同，教师不必什么都从头讲起。因为这时学生已经自学过课本内容，并做了尝试题，对这部分教学内容已经有了初步的认识，教师只需要针对学生感到困难的地方、教材关键的地方进行重点讲解。一般采用讲解试题的办法，如哪个学生做对了，做对的道理；哪个学生做错了，做错的原因。这样讲解的针对性强，学生容易接受。讲解时，教师要注意运用直观教学手段。第七步，第二次尝试练习。这一步是给学生再来一次的机会。在第一次尝试练习中，有的学生可能做错，有的学生虽然做对了，但没弄懂其中的道理。经过学生讨论和教师讲解，学生得到了反馈校正，其中大部分学生有所领悟。为了进一步了解学生掌握新知识的情况以及进一步提升学生的认知水平，应该进行第二次尝试练习，以此进行信息反馈。这一步对学习水平较低的学生特别有利。第二次尝试题不能同第一次尝试题相似，一般要对课本上的例题稍加变化，或采用题组形式。第二次尝试练习后，教师可进行补充讲解。

以上七个步骤是尝试教学模式的基本程序，根据学生的情况、学科的情况，还可以衍生出调换式、增添式、结合式等（邱学华，1994）。

3）简评。尝试教学虽然在教学程序上与传统的五环节教学模式没有大的区别，但在师生关系上却发生了重大变化。尝试教学以学生为中心，有利于培养学生的探索精神和自学能力，能够很好地促进学生智力的发展。尝试教学注重学生练习，尽可能减少教师讲授的时间。这样的教学模式有利于提高课堂教学效率，减轻学生课外作业负担。尝试教学模式先让学生尝试练习，这样能够及时发现学生的困难在哪里，教师有针对性地引导学生看书和思考，有利于促进学困生成绩的提高。尝试教学的教学思想明确，操作模式具体、清晰，可以供不同学科、不同地区的教师使用，大幅度提高其教学水平。

当然，尝试教学也有其局限性。一方面，应用尝试教学，学生要有一定的自学能力。低年级学生的自学能力不强，所掌握的知识有限，不适合对其进行尝试教学。一般从小学二年级开始逐步应用，中、高年级的应用效果较好。另一方面，就教学内容而言，初学某个具体的概念时，由于难度过大，学生很难透彻地理解，因此不适宜使用尝试教学。同样，对于实践性较强的教学内容而言，其实践操作有可能会带来危险，因此也不适宜使用这种方式。

（4）愉快教学模式

1）理论背景。愉快教学就是让学生在愉快的情境中学习知识、发展能力。上海市第一师范学校附属小学经过多年的探索和研究，其愉快教学模式已经发展得相当成熟，并获得了教育部的肯定（刘慕洁，2023）。愉快教学注重的是在减轻学生课业负担的同时培养学生的综合素质。

愉快教学的理论基础主要有以下三个：①哲学基础。马克思主义关于人的学说主张人应该全面而自由地发展，人的发展是人的本质力量的获得和丰富，同时也是人的自觉能动性的解放。因此，在教育实践中，学生的自觉能动性要得到充分体现（张松德，2007）。②生理学、心理学基础。脑科学研究证明，大脑两半球协调活动是充分发挥人的大脑潜力的基础。对于儿童来说，右脑功能的发挥可以更好地促进儿童的学习活动。从心理发展特点来看，情绪情感在智力活动中有重要作用（张松德，2007）。③教育学基础。西方自然主义教育家视野中的愉快教育思想发端于亚里士多德，形成于夸美纽斯，发展于卢梭，于斯宾塞时达到顶峰。亚里士多德已意识到“快乐”在自由教育中的意义，认为自由人能体验到休闲本身所带来的愉快和幸福。卢梭所谓的“自然教育”就是遵循儿童天性的自然发展，让儿童回归自然状态，在自由自在的环境中愉快地成长。“愉快”是自然教育的内在意蕴，也是衡量儿童全面、自由发展的重要指标。19世纪，英国哲学家和教育家斯宾塞提出的愉快教育思想具有里程碑式意义，使西方愉快教育思想的发展达到了巅峰和极致，其标志是斯宾塞的《教育论》《斯宾塞的快乐教育》的发表。尤其是后者，标志着世界上第一部快乐教育专著的诞生（刘黎明，刘应宏，2017）。

2）模式内容。经过多年的教育实践，愉快教学现已形成了独特的模式，建立了愉快的学习氛围，学生可以在愉快的情绪状态中轻松地完成学习任务，受到美的陶冶。愉快教学的具体程序分为五个阶段。①兴趣状态。实践表明，教学总是在学生的某种学习状态下开始进行的，学生以怎样的学习状态参与到教学过程之中，对教学效果的影响很大。愉快教学正是基于这一考虑，才将学生的学习兴趣作为第一个环节。为产生学习兴趣，学生要进行两种准备：一种是认识准备，检查自己的认知结构是其中的关键；另一种是情感准备，以一种稳定、平和的愉悦心情进入教学活动是完成愉快教学的根本保证。②诱因。诱因是指能满足人们某种需要的刺激物。教师要在这个阶段呈现感性材料，作为激发学生学习动机的诱因。这种材料会促使学生提问，促使他们产生进一步掌握这种材料的心理期待。要提高学生接触这种感性材料的有效性，教师应当在加强认知组合方面多加努力；要增强学生接触这种材料的积极性，教师应当在激发学生的学习兴趣上多下功夫。处理好诱因环节的核心是将材料呈现的有效性与学生接受的积极性有机结合起来。诱因通常会引起人两方面的心理反应：一是引起人的注意，并且随之引发人的兴趣；二是激发人的行为动机，诱因内化于人的需要后就会激发人的动机，促使人采取行动。教师要把握这两方面的内涵，并且使诱因原理具体化到自己的教学过程中。③讲授。这是愉快教学的重点环节。它要求教师对呈现给学生的感性材料进行理性加工，并且激励他们有意识地接受知识。或许有人认为，讲授就意味着灌输知识，这是一种片面的认识。如果不通过教师有意义的传授，完全靠学生自己去琢磨，学习效率过低。教师应当充分贯彻以学生为主体的教育思想，根据学生的特点确定讲授的方式。④激励。激励是指让学生在检验、评价认知成果的同时，获得情感上的鼓励和深层次的刺激。同时，要检验学生对理性知识的掌握程度，不仅从认知角度进行评价，还要从评价角度发挥情感激励的作用，既要让学生获得一定的认知信息反馈，也要以此作为增强其情感积极性的手段。评价一定要准确、及时、全面，不仅要评价他们的学习态度、学习习惯，还要评价学生的知识和技能掌握程度，将其学习情况、能力发展情况及时反馈给他们，以使他们借助评价获得信心和成就感，提高愉悦体验的程度。一般来说，一个人的行为会因为正面情感体验而得到巩固和增强，也会因为负面情绪体验而减弱以致消退。因此，鼓励性评价有助于学生产生正面情绪体验，进而增强学生的学习动机。⑤深化。这是愉快教学的结束阶段。在这个环节，学生的认知结构已经在兴趣的鼓励与刺激下实现了重组，新的认知结构得以初步形成。教师应当立即提出巩固学习的措施并将之付诸实践，让学生在引用、拓展和延续的教学过程中体验到学习活动的乐趣。这种乐趣既来自灵活运用知识所产生的成功感，也来自知识的丰富性与趣味性。可以肯定地说，这种才真正是学生对学习活动本身所产生的兴趣（李孟，2000）。

3）简评。愉快教学非常适用于幼儿园及小学儿童，它不但可以增强儿童的学习兴趣和学习效果，还可以增强儿童学习的主动性。但在这一教学过程中，教师要端正教育观念，正确理解愉快教学的实质，以保证愉快教学的效果。

3. 现代教学模式的发展趋势

现代教学模式的发展具有十分鲜明的时代性，更加深刻地反映了教学的规律和社会发展的需要，具体体现在以下几方面。

1）从单一化走向多样化。在教学模式发展的早期阶段，教学模式比较单一，但自20世纪50年代开始，国内外出现了多种教学模式，出现了多样化的趋势，其指导思想及其理论基础各不相同，为教学实践提供了可供选择的余地。

2）教学模式的研究趋于精细化。近代关于教学模式的研究主要关注所有学科的通用模式，缺乏针对性。现代教学模式则直接针对各学科的教学，如数学、语文等，研究趋于精细化，因而现代教学模式更具有针对性和具体的指导意义。反之，其也具有局限性，表现为教学模式的实现条件方面，即在选择教学模式时必须充分考虑其适用条件。

3）教学模式具有减负倾向。信息社会最大的特点就是知识永无止境地更新，这就对现代教育提出了一个新的挑战，即如何使教育适应社会发展的趋势。这也为现代教学模式的建立提出了严峻的挑战，研究者必须考虑在有限的时间内教什么及如何教的问题。这样就把提高学生单位时间的学习效率提到了首要地位。

4）理论基础趋于多元化。随着现代发展心理学、教育心理学研究的深入，人们对心理发展规律，特别是认知发展规律的认识不断加深，越来越注重心理发展特点对学习活动的影响。在建立教学模式的过程中，心理特点已成为重要理论依据。另外，系统论、控制论、信息论、管理学等对教学模式的建立也产生了重要影响，使教学模式的理论基础呈现出多元化的倾向。

5）重视教师和学生的双主体作用。在现代教学模式的构建过程中，教育研究者都把建立新型的师生关系放在首要位置，改变了传统教育中单一主体的模式。在教学模式的设计中，教育研究者注重把教师和学生同时作为教学的主体，充分发挥教师和学生双方的主体作用，不但强调教师教的过程，更强调学生学的过程。在教学过程中，各类信息的传递方式由教师与学生之间的单向行为，扩展为教师与学生之间、学生与学生之间、学生与周围环境之间的多向行为，而且都努力将学生置于学习主体的地位，特别是注重促进学生对学习方法的掌握。

6）重视促进以情感、创造性为核心的综合素质的发展。突出教学的发展性功能，是现代教学模式的一个基本特征。现代教学模式把发展学生的积极情感、培养学生的创造性作为建立教学模式的主要宗旨。这些教学模式从目标到方法、从内容到形式，都是为发展学生的智力、探索精神及综合素质服务的。

教育模式发展的成果为后期教学模式的研发奠定了良好的基础。但是纵观已有的教学模式，大多集中在中小学阶段。这诚然是教学模式趋于精细化的成果，但这也提示我们教学模式的研究需要覆盖其他学龄阶段和学科。与中小学不同，大学的学科构成更为复杂，需要进一步探索针对大学生或某学科的教学模式。例如，目前积极心理学受到各大学的青睐，它对于促使大学生探求幸福生活、探求人生价值具有正向的意义，因此非常有必要探索关于大学积极心理学的教学模式。

2018年，《教育部关于狠抓新时代全国高等学校本科教育工作会议精神落实的通知》明确要求，高等学校需要全面整顿教育教学秩序，严格本科教育教学过程管理。同年，教育部部长陈宝生在新时代全国高等学校本科教育工作会议上明确提出对大学生要合理“增负”，提升大学生的学业挑战度（陈宝生，2018）。基于这一要求，要想增加大学生的学业挑战难度，首先要在教学模式上下功夫。只有对教学进行精心、合理的设计，才能有效地调动大学生的学习积极性。基于以往教学模式研发经验，模式精细化、理论基础多元化，重视教师和学生的双主体作用，重视综合素质的发展，是良好教学模式的特征。基本具备以上特征的双元互动教学模式，在大学积极心理学中的教学效果值得期待。

二、双元互动教学模式

（一）双元互动教学模式的内涵

“元”，始见于商代甲骨文及商代金文中，其字形像侧立的人。头位居人体最高处，而且功能非常重要，因此引申表示“首要的”（李学勤等，2012）。在《字源》中，“元”的一个主要含义是首（约斋，1986），有根本居于首位的含义（王骥，2022）。

双元互动教学模式把有计划的学生社会实践活动提高到“元”的高度，从而把传统的只重视课堂教学的单元教学变革成为既重视课堂教学又重视学生的社会实践活动的双元教学。用精湛的课堂教学引导学生的实践活动，用有计划的社会实践活动深化和实现教学目标，既充分发挥课堂教学系统传授基本知识和基本技能的优势，又充分发挥社会实践活动在开阔学生视野，提高学生创新意识、实践能力、社会责任感等方面的优势，使二者相互影响、相互推动（互动），从而保证教育目标的全面实现。

课堂教学和社会实践活动并不是相互对立和矛盾的，只有把有计划的实践活动提高到“元”的理论高度，才能保证其在教学过程和人才成长中应有的价值和地位。在良好规划和设计的前提下，双方是相互影响、相互推动的关系，这也是“互动”的基本含义。教师要用精湛的课堂教学艺术引导学生开展实践活动，用有计划的实践活动实现教学目标，从而把教师与学生、课内与课外、读书与研究、学校与社会有效、有序、有机地结合起来。

在不同教学内容和教学条件下，课堂教学和社会实践活动具有不同的结合方式，教师应根据不同教学内容和实践时机，合理安排不同形式的课堂教学和实践环节，形成若干种不同特色的运作形式或变式。

（二）双元互动教学模式的理念

第一，坚持主体性教育。主体性教育强调教师和学生的互动关系，重视发挥学生的能动性、自主性与创造性，主要包含以下三方面的内容：其一，激发学生的内在需求，调动学生的积极性。其二，用有效的教育环境来促进学生的健康发展。这种教育环境包括两方面：一方面，充分发挥教师在学生心目中的权威性，对学生产生积极影响；另一方面，教师要通过创设富有教育性的环境，为学生提供可以自主决定、自由探索、积极参与、充分交往的机会。著名心理学家维果斯基曾明确指出，教师是教育环境的组织者，是教育环境与受教育者相互作用的调节者和监督者（Vygotsky，1991）。教师保证了教育目的性与计划性的实现。其三，学生的积极参与是实现主体性教育的关键环节。学生自身的活动是其认知发展的必要前提。要真正使学生积极参与教育活动，教师就必须改变那种把学生看成被动的接受者的思想，善于挖掘学生的潜力，充分激发学生的学习动机，使学生在积极主动的探索过程中真正提高自身的综合素质。

在教学过程中，学生的主体性表现为在教师的指导下，有意识、有目的地借助一切可利用的手段改变自身的身心状态，以获取所需要的各种知识、技能和品质，这是一个自我学—自我教育—自我发展—能力逐渐提升的过程。与中小学教育相比，大学教育更应该发挥学生的主体性，这是因为大学生的自我意识水平更高，已具备一定的自我教育能力。

第二，实现主体性教育必须以教学的过程为载体和依托。因为主体性教育的真正实现是以师生双方的主体性得到充分发挥为条件的。片面强调学生在课堂内学习、教师讲授教学在本质上是不符合主体性教育思想的，也会压抑学生的主体性的发展。从教学过程来看，只有充分发挥教师在教学中的主导作用，从观念上把学生，特别是大学生作为积极能动的个体，为他们提供展现的机会，充分挖掘、调动学生的学习主动性和积极性，才能真正实现主体性教育。双元互动教学模式的实质就是教育者有目的、有计划地挖掘及利用课内课外和校内校外的教育资源，为大学生提供可以充分展现、锻炼自己的良好环境。在这种环境中，学生以积极主动的个体出现，在活动过程中，学生可以充分地展现自己的能力，发展自身的独特个性。这种教学模式是实现主体性教育的最佳模式。

在双元互动教学中，教师应该有意识地把主体性教育贯穿于教学的全过程，具体包括三个方面：①观点、计划共享。在教学中，教师要有意识地向学生渗透教学改革的指导思想，让学生理解教学的目标及其重要性，了解教师的教学计划和教学安排，增强学生的参与感和主动性，也可以让学生根据自己的实际情况安排学习。②教师根据教学内容，选择、设计不同的教学形式，为学生提供合适的教学环境和机会，有目的地促进学生综合素质的提高。③让学生参与教学过程，学生的积极参与是发挥学生主体性的关键。教师应该根据不同的教学内容，确定学生的不同参与程度和参与形式，使学生的参与真正起到提高其能力的作用。

（三）双元互动教学模式的原则

双元互动教学模式秉承四个相结合的原则，即坚持教书与育人相结合、传授知识与培养能力相结合、理论与实际相结合、教学与科研相结合。这四个相结合一直是教学的基本指导思想。

教书育人一直是教育的首要任务，而大学阶段学生的人格正处在初步形成的时期，特别是自我意识正处于发展的关键时期，此时他们人格的发展对其一生的发展具有至关重要的影响。因此，大学教师应该把教书育人作为自己的职责，在教学中及时了解学生的思想，帮助学生树立辩证唯物主义的世界观和积极的人生观，帮助他们更好地认识自我，形成积极的自我意识，保证其心理健康，促进其发展。

高等教育要培养知识与能力并重的合格人才，就必须正确地处理传授知识与培养能力之间的关系。换言之，传授知识和培养能力是教师教学的两个重要任务。在教学过程中，传授知识和培养能力是相辅相成的，二者都不可偏废。

学以致用是高等学校教学的直接目的。要使学生将所学知识应用到实际工作中，最重要的途径就是理论与实际相结合，脱离实际的教学是不能达到这一目的的。

教学与科研相结合是未来高等教育发展的一个明显趋势，二者相脱离是目前高等教育中存在的严重问题。教学与科研结合，不仅可以使学生更好地利用所学知识，同时可以使他们掌握科学的方法，提高独立地分析问题和创造性地解决问题的能力。

（四）双元互动教学模式的目标

双元互动教学模式由杨丽珠教授提出，它以培养学生的综合素质为根本目标（邹晓燕，杨丽珠，1999），同时与不同学科内容相结合形成具体的教学目标。例如，双元互动教学模式应用于儿童心理学教学中，形成了以下六个基本目标：①掌握儿童心理学的基本知识和基本结构；②具备独立分析问题和解决问题的能力；③具备自学的能力；④具有一定的教学能力；⑤有一定的进行科研的能力；⑥有良好的人格特征（杨丽珠，邹晓燕，2002）。

（五）双元互动教学模式在儿童心理学教学中的应用效果

双元互动教学模式在大学儿童心理学教学中取得了良好的教学效果。河北师范大学以心理系学生为调查对象，应用该教学模式对教材所提供的知识及实验内容的全面性、新颖性进行了调查，学生的满意度为100%；对教材提供学生自学方面的内容的调查发现，完全满意为70%，基本满意为30%；对教材为科研提供的指导方面的调查发现，满意度为35%（杨丽珠，邹晓燕，2002）。在辽宁师范大学的教育现场实验中，学生完成了58份文献综述，其中近20份涉及儿童心理发展的主要领域，27份涉及儿童心理的实际应用问题，双元互动教学中的科研实践开阔了学生的视野，也提高了学生的科研能力。在实验过程中，学生的职业兴趣、学习的主动性、个性品质均有所提升（杨丽珠，邹晓燕，2002）。

第二节　心理学基础

一、交互决定理论

早期研究将行为看作人和环境互动的结果，而不是将其看作一个单独的因素（Bowers，1973）。而班杜拉和沃尔特认为，人和环境并不是相互独立的，其会相互影响（Bandura，Walters，1977）。人也不能独立于行为而存在，在很大程度上，人们是通过自身的行为来改善环境的。反过来，环境也会影响人的行为方式，例如，在不同地域，人的行为偏好可能不同。由行为产生的经验在一定程度上决定了个人的想法、期望，这些想法、期望又会影响个人随后的行为。

基于互动理念的社会学习是一个相互决定的过程（Bandura，Walters，1977）。行为、个人的内部因素和环境是相互影响的，这个过程是三向而非双向的。具体表现在行为和环境相互作用，个人的内部因素（如观念、信仰、自我认知）和行为也会相互影响。例如，个体对效率和结果的预期会影响其行为方式，进而影响行为结果，行为结果又会反过来会影响其预期。由于个人的特征（如年龄、相貌、种族、性别）不同，环境/社会赋予其不同的社会地位、角色，而不同的社会待遇会影响其自我概念和行为方式。

个体、行为、环境三个因素的相互影响在不同环境中是不同的。在某些情境下，环境的影响巨大，以至于成为决定性因素。有时候，行为会成为决定性因素，例如，当一个人为自己弹奏一首钢琴曲时，他的这种行为创设了一种愉悦的感官环境，这时认知活动和外部环境事件没有过多地参与进来。在某些情况下，认知因素也会在调节系统中产生决定性作用，例如，在防御的情况下，个体的错误信念会激活回避反应，使个体脱离真实的环境条件，即信念和行为之间会产生强烈的相互作用（Bateson，1961）。

大多数情况下，个体、行为、环境三个因素是高度相互依赖的。例如，看影视剧的行为就比较典型，个人偏好会影响一个人选择看什么。尽管所有影视剧构成的影视大环境对于每个观众而言都是相同的，但是对特定个体产生实际影响的影视环境取决于他们观看的内容。他们的观看行为在一定程度上塑造了未来剧集制作的影视大环境。因为投资者在选择投资影视剧时通常需要考虑观众的偏好。同时，一段时间内影视的大环境提供的剧集选项也在一定程度上决定观众的偏好，在这里，观众的喜好、观看行为和影视环境之间是相互影响的。

（一）个体与环境的交互作用

从社会学习的认知发展观点来看，个体、环境的发展和变化是通过四种途径来完成的（Bandura，Walters，1977）。大多数关于认知发展的理论，如行为主义、信息处理理论、皮亚杰主义，只关注直接反馈形成的认知改变。然而，个人行为的结果并不是知识的唯一来源。关于事物本质的知识常常是从间接经验中提取出来的。在这种学习模式中，观察别人的行为所产生的效果是个体思想的重要来源。

然而，还有很多知识不能通过直接经验和间接经验来学习，比如，一些形而上学的思想不能用客观事实来验证。在这种情况下，人们会根据他人的判断来发展和评价自己对事物的概念。人们通过逻辑推理来评估自己推断的可靠性，并从已经知道的事实中得出超出经验的新结论。环境不仅在认知发展中起作用，也在认知激活的过程中起作用。不同的景象、气味和声音会引发人产生截然不同的思维，因此虽然思维确实支配着行为，但思维本身是通过与环境的直接或间接交流而形成的。因此，可以说个体、行为、环境三个因素组成了相互作用的动态整体。

（二）行为与个体的交互作用

行为要引导个体进行自我反馈，需要借助评价系统来实现。一种特定的表现是值得称赞的还是无法令人满意的，取决于评价它的个人标准。符合标准的行为会得到良好的评价；不符合标准的行为会得到不良评价。当然，部分活动没有统一的衡量标准，此时就需要参照某个领域的规范标准。个体一般通过参照规范标准对自己进行评价。其实，一个人以往的行为也常常被当作评判标准。人们通过自我比较来对自己形成评价，进而形成反馈。在达到一定水平后，工作所带来的挑战性就减弱了。因此，人们常常通过不断地改进来寻求新的自我满足。

行为引导个体产生自我反馈的另一个评价系统是归因。当人们把自己的成功归因于自己的能力和努力时，他们会为自己的成就感到自豪；当他们把自己的成功归因于运气或者他人的施舍时，他们就无法获得满足感。对失败的归因也是一样的，如果个体将失败归因于自己表现不佳，那他们会非常地自责；如果个体将失败归因于天气、自然灾害等，他们便不会自责。无论何种评价系统，评估为有利的部分，将会引起积极的自我反馈；评估为不利的部分，将会引起消极的自我反馈。

（三）外部因素对自我调节功能的影响

社会学习理论认为，自我调节不是行为的自动调节，而是会受到多种外部因素的影响。外部因素主要从三个方面影响自我调节：第一，发展自我调节功能；第二，为自我调节系统提供外部支持；第三，有选择性地应用道德规范和行为。

自我调节能力是否得到了发展，需要有一定的内部评估标准。这些内部评估标准不是凭空出现的，可以通过他人的训诫、他人的评价及学习他人的评价系统不断习得（Bandura，1976；Masters et al.，1974）。个体会收集各类外部评价，通过自己的总结和分析得出衡量自己行为的个人标准（Bandura，1976；Lepper et al.，1975）。例如，中国人常说“近朱者赤，近墨者黑”，就是在描述经常与个体交往的人在一定程度上影响了其所采用的行为标准，这一标准会影响他的价值观，价值观反过来会影响个体选择什么样的人作为朋友（Krauss，1964）。

自我调节系统需要外部支持。在分析如何通过行为后果来调节自我时，班杜拉认为必须区分两种不同的激励来源：一种是根据特定表现安排的即时自我激励；另一种是外界因素的激励（乐国安，纪海英，2007）。

人通过多种形式与环境相互作用才能坚持某种行为（Bandura，Walters，1977）。一方面，要对错误的行为进行惩罚。当人们通过曲解标准对自己进行了不恰当的奖励时，这一奖励可能会招致他人的批评。此时应当对这种不恰当的自我奖励进行外部惩罚，直到自己的行为符合标准（Bandura et al.，1976）。个人的自我惩罚也会促进其良好行为的维持，例如，当人们表现不佳或违反规则时，他们往往会进行自我批评或产生痛苦的想法。这些自我惩罚都可以帮助人们校正行为。当这些行为本身令人厌恶时，个体就自然会产生行为改变的动机。例如，对于超重的人来说，肥胖带来的不适、疾病和社会歧视会促使他们减肥。如果将自我奖励与学业成绩挂钩，如考出好成绩就出去放松一天，那么学生的积极学习行为会大大增加。另一方面，改变可以增强行为动机。人们通常通过有条件的激励来掌握一些技能，这在具有创造性的工作中尤为重要。华莱士在分析小说家的写作习惯和自律的过程中记录了著名小说家如何调节自己的写作产量，表明无论写作是不是一种精神享受，都需要自我奖励，只有这样才能保证写作产量（Wallace，1977）。

如果仅仅通过自我奖励来维持好的行为，那么人们掌握相同技能的水平会不同。因此，除自我奖励外，社会会广泛地赞扬、认可高标准的技能水平。社会层面的认可与赞扬等外部激励因素可以促进个体进一步提高技能水平（Bandura et al.，1967）。

（四）个人因素对强化效果的影响

人们通常认为强化是一种机械的过程，行为反应直接由后果自动、无意识地塑造而成。但是，实证证据表明，外部因素要通过认知加工才会对个体产生影响（Bandur，Walters，1977；Bower，1975；Mischel，1973；Neisser，1976）。在实际的强化过程中，个体不仅仅会对事物做出回应，还会根据观察到的规律对其所在的情境进行预期。人们在对自己的行为进行观察和总结时，会逐渐为自己设定目标。研究人员分析了个人目标和成绩变化之间的规律，发现外部激励要通过设定目标来改进行为（Locke et al.，1968），将个人目标的差异作为控制变量时，激励对绩效的影响会减小。

二、团体动力学原理

（一）团体动力学产生的历史背景

团体动力学是研究团体生活动力的学说，由心理学家勒温（Lewin）提出，是团体辅导的重要理论基石。20 世纪 30 年代后，美国工业生产得到迅速发展，迫切要求培养管理人才，提出新的组织管理方法，改进集体生产和团体生活中的人际关系，提高生产效率，并解决现实的社会问题，如移民、青少年犯罪和儿童教育等。正是适应了这一社会需要，加上社会有关部门的支持、运用团体手段解决问题的有效经验和小团体研究实验方法的发展，团体动力学应运而生。

勒温在 1939 年发表的《社会空间实验》一文中首次提出团体动力学（group dynamics）概念（Lewin，1997）。团体动力学的研究对象是以人与人的面对面直接接触关系为特征的小型团体，研究内容包括团体气氛、团体成员的人际关系、领袖与领导方式、团体中成员间的凝聚力、团体决策过程等。

1945 年，勒温在美国麻省理工学院创办了团体动力学研究中心，团体动力学作为一种专业和学科得以成立（樊富珉，1996）。在其后的 20 年间，团体动力学得到迅速发展，其影响几乎涉及社会生活的各个领域。

（二）团体动力学的主要思想

1. 团体不是个体的简单相加

团体动力学的理论基础是勒温的场论。从场论的观点来看，个体不是孤立的个别属性的机械相加，而是一定生活空间中的一个完整的有机体。由此推论，团体决不是各个互不相干的个体的集合，而是有着联系的个体间的一组关系，它不是由个体的特征所决定的，而是取决于团体成员相互依存的那种内在关系。每个成员的状况与行动都同其他成员的状况和行动密切相关。

2. 团体具有改变个体行为的力量

勒温认为，虽然团体的行动要由各个成员来执行，但是团体具有较强的整体性，对个体具有很大的支配力，要改变个体，应该先使其所属团体发生变化，这远比直接改变个体更容易。勒温在 1943 年所做的关于饮食习惯的研究完全证实了这种观点。当时，他发现通过组织家庭主妇集体讨论决定，远比靠讲演、说服她们多喝牛奶更为有效（Lewin，1943）。类似的结果也出现在动员母亲给婴儿喂鱼肝油和橙汁中。勒温指出，只要团体的价值观没有改变，就很难使个体放弃团体的标准来改变原有的主见。一旦团体标准发生了变化，那么个体依附于该团体而产生的那种抵抗会随之消失（高觉敷，1999）。

3. 团体决策的动力作用

勒温进一步思考了是什么力量促使团体的价值和行为发生变化。他认为，这是团体决策的力量。一般来说，变化总是从“非变化”开始的，并以“非变化”告终，从稳态动力论的基本观点出发，勒温把这种“非变化”称为准稳定平衡。有两种方式可以引起这种准稳定平衡的变化：一种是增强团体行为的促动力；另一种是降低团体行为的对抗力。除此以外，团体本身还具有一种内在的对变化的抵制，勒温称之为“社会习惯”。它隐藏于个体和团体标准的关系中，维系着团体生活的固有水平。因而，单个团体成员的变化动机不能引起团体行为的变化，还必须有足以打破社会习惯和改变团体原有标准的力量，团体决策就可以起到这种作用。勒温把团体决策看作联系动机与行为的中介，是团体促进个体变化的一种动力（申荷永，1999）。

由上可知，团体具有吸引各个成员的内聚力，这种内聚力来自成员对团体内部建立起来的一定的规范和价值的遵从，它强有力地把个体的动机需求与团体目标结构联系起来，使得团体行为深深地影响着个体的行为，团体有个体所没有的动机特征。这为调动同伴群体的教育资源、开展实践活动课提供了理论依据。

三、大学生的心理发展特点

（一）大学生的一般特征

大学生处于成年初期，大概从18～19岁开始，是青年期过渡到成年期的最后阶段。这一阶段的大学生生理完全成熟，情绪趋于稳定甚至老练，心理基本成熟。成年初期大学生的一般特征可以归纳为以下几个方面。

1. 成年初期在人生中的重要地位

成年初期大学生的社会生活领域扩大，其不断发展的自我意识，为其步入成年社会奠定了基础，如情绪上相对平静，对于未来生活的大体方针基本确定，心态进入平稳阶段，开始尝试迎接更大的挑战。此时的大学生是边缘人，即已经脱离小孩的群体，不觉得自己是孩子了，但是自己又不具备独立生活的能力，只能是通过学习各种生存技能，通过心理延期偿付（psychological moratorium）的方式逐渐向成人群体靠近（林崇德，1995）。此外，大学生在成年初期阶段要进行人格的再构建，不断在心理、生物和社会学等因素的影响下形成正确的人生观和价值观，不断调整自己人格的各个层面的内容。

2. 成年初期自我的形成

经过青春期的自我觉醒，进入成年初期的大学生开始摆脱外界肤浅、固执的评价，重新审视自我，进而形成自我意识。自我意识形成之后，依照埃里克森的理论，青年后期至成年初期还要完成自我同一性的确立、防止同一性混乱的任务（Waterman，1982）。

3. 成年初期的人际关系

到了成年初期，大学生开始学会深刻体验人际关系的内涵，并已经熟练掌握与人交往的艺术。成年初期，大学生一方面希望与他人建立深厚的友情，另一方面也常常甘愿忍受孤独，处于既渴望友情又甘于孤独的矛盾之中。成年初期，大学生的性意识进一步萌发，由此产生了对恋爱和婚姻的渴望。在亲子关系方面，不同于青春期的叛逆和反抗，成年初期的大学生逐渐表现出对父母的尊敬和感谢之情（林崇德，1995）。

4. 成年初期心理的两极性

在意志与行动方面，处于成年初期的大学生存在既努力又懒惰、既严谨又散漫的两极性。在人际关系方面，表现为对双亲的正反两面的矛盾情感、朋友关系中既想亲近又享受孤独的矛盾性。在心态方面，封闭性和开放性并存。处于成年初期的大学生既在各种社交媒体中尽情地表现自己，同时也会设计特有的文字或符号，让外人无法直接猜透其心情（林崇德，1995）。

（二）大学生的智力特点

大学生的智力特点体现在对知识的应用上。大学阶段，青年有机会将所学知识应用于现实生活中。这个阶段，智力结构中的诸要素在保持基本稳定的同时也在向高一级水平发展。

在观察力方面，大学生具有主动性、多维性及持久性的特点，既能把握对象或现象的全貌，又能深入细致地观察对象或现象的某一方面，而且在实际观察中，其观察的目的性、自觉性、持久性进一步增强，精确性和概括性也有了明显提高。

在记忆力方面，大学生的机械记忆能力有所下降，但是逻辑记忆能力的发展达到顶峰。青年在这个时期运用记忆策略的能力大大提高，因此记忆容量非常大（林崇德，1995）。

在思维发展方面，大学生的思维方式开始从形式逻辑思维向辩证逻辑思维转变。辩证逻辑思维方式是对客观现实本质联系的对立统一的反映，主要特点表现为既能看到事物之间的区别，也能看到事物之间的联系；既能看到事物的相对静止，也能看到事物的相对运动；在强调确定性和逻辑性的前提下，承认相对性和矛盾性。佩里（Jr Perry，1999，1981）对大学生的思维特点进行了深入研究，发现大学生的思维模式转变主要经历了三个阶段。①二元论阶段。处于这一阶段的大学生对问题的看法是非黑即白的，不允许存在灰色地带。对于一些问题，执着于寻找正确答案，思维比较固化。②相对性阶段。处于这一阶段的大学生会比较不同的观点，对各种观点进行权衡。在这个阶段，个体思维的抽象性和理论性已经达到了很高的水平。③约定性阶段。处于这一阶段的大学生开始运用抽象逻辑思维针对具体事物表达自己独特的观点，在解释各类现象时，能够根据事物所处的环境给出相对客观的态度。由于能够意识到所有事物都有运动变化和情境性的特点，他们在做判断时，既能坚持约定俗成的立场，又能随时根据情况做出调整。

（三）大学生的自我发展

随着身体的不断成熟，青年大学生势必关注自己的身体、内驱力及内部需求的变化。大学环境中，对于人才的评估标准开始变得多元化，这就导致青年将自己内在的能力与他人进行比较，从而更加关心自己的能力、天赋等。随着认知能力的不断发展，大学生对外界的看法的认识更加深刻，而且对外界的关心和认识都是建立在探讨以自我为核心的内容基础之上的。成年初期的大学生自我意识的发展，无论从质上还是量上都与以前表现出显著的差异（林崇德，1995）。

进入大学后，青年有能力承担更多的社会角色和任务，但他们在决策的过程中会暂停下来，避免提前完成青年时期的自我同一性任务，即自我延期偿付。在延期偿付的过程中，青年会尝试学习各种本领，触及各种价值观、人生观，尝试从中选取一些，再检验一下其是否符合自己的想法。经过这种循环往复，就可以决定自己未来的职业、人生观和价值观，最终确立自我同一性。

如前所述，青年大学生在自我同一性确立的过程中要选择自己的人生观。也就是说，人生观并非与生俱来的，它出现在青年前期，稳定于青年中期，形成于成年初期。M. A.布朗和 M. J. 玛霍尼（1987）认为，人生问题进入青年意识必须具备三个心理前提，即思维、自我意识、社会需要的发展达到一定的水平。当个体心理发展初步达到了上述三个前提所要求的水平时，个体就会开始思考人活着究竟是为了什么等问题，由此产生了人生观。青年初期正是人生观的萌芽时期，处于这个时期的青年虽然能对人生提出各种疑问，但尚不能完全达到经常且主动地回顾与自己有关的人生目的、人生态度、人生价值等内容，能思考人生问题却不能非常自觉地考虑有关人生的基本观点和基本看法。进入青年中期后，个体对人生问题的思考更加主动，但尚不稳定。到了青年晚期即成年初期，其人生观日趋稳定。

人生观是对人的根本看法和根本观点，归根结底是要凝聚在个人的价值观上。有教育学领域的研究者认为，价值观形成是个体社会化的过程（杨宜音，1998）。个体不断地接受父母、教师的影响，形成价值观。但随着年龄的增长，朋友的影响日趋增大。与此同时，青年的自主性和独立性越来越强，主要通过无意识的形式进行价值观的学习，因此直接的外界强化或者灌输式的教育形式对其价值观的影响效果逐渐减弱。到了成年初期，无意识学习转变为有意识的榜样学习，树立良好的榜样成为对成年初期大学生进行价值观教育的重要方法。

第三节 社会学基础

一、齐美尔的社会几何学

在齐美尔看来，社会产生于人与人之间的互动之中（转引自 Wolff，1964）。他将数学思想扩展到社会领域，构建了几何社会学。下面择其精要进行介绍。

（一）群体构成的数量

齐美尔试图研究群体规模的大小对群体互动的影响。齐美尔认为，在两个人组成的群体中，互动是直接的，这是两人群体最为明显的特征。在这种群体中，群体的性质完全取决于互动双方的性质，不存在超出个人之外的群体结构。同时，在这种群体中，每个人都高度地保持着自己的个性。在三人群体中，第三个人可以利用另外两个人的争斗从中获利。齐美尔认为，争斗是人的天性，即使在毫无利益冲突的情形中，人们仍然会创造出争斗的目标。例如，在体育比赛中，第三个人既可以是另外两人冲突的裁判，也可以拉拢一个，打击另一个，因而也就有可能在群体中创造出权力层或层级结构。即使三人处于完全平等的地位，以彻底民主的方式来协调彼此之间的关系，在三人群体中仍然有可能以“少数服从多数”的原则对少数派施加压力。也就是说，三人群体中，有可能产生独立于个人的结构，而这种结构又很有可能危及个性的发展（齐美尔，2002）。

（二）社会互动的距离

齐美尔认为，人际互动的形式、事物的意义等直观问题都与人与人之间、人与事物之间的相对距离紧密相关。他在经典著作《货币哲学》（西美尔，2018）中提到，事物的价值由其与行为者之间的距离决定。一个事物与人的关系太近或者太远都会变得没有意义。例如，如果人们发现距离我们 1 亿光年有一个完美世界，但是由于这个世界离我们过于遥远，所以这个世界对我们几乎没有价值。从另外，空气是我们须臾不可离开的东西，但由于离我们太近，太容易获得，因而也没有什么价值。真正有价值的东西，只有通过艰苦的努力才能得到。在《论陌生人》这篇文章中，齐美尔又从另外一个角度讨论了人际距离的问题。他认为，所谓陌生人就是距我们既不太远又不太近的人。如果距离太远，他将失去与我们的联系，对于我们毫无意义，也就不是什么陌生人；如果太近，也就成了我们的熟人，不再陌生。陌生人与我们之间这种若即若离的关系使得他与我们之间能够以特殊的方式发生互动。由于不是我们的熟人，所以我们对他们有特殊的信任，可以将不便和熟人谈的事情向其倾诉。也就是说，陌生人与我们之间的特殊距离，决定了其与我们之间互动形式的特殊性。从这个角度而言，齐美尔并不把陌生人看作特殊的人，而是将与陌生人的交往视为一种特殊的互动形式。事实上，我们每一个人都在某些方面或多或少地是他人的陌生人。“陌生”这种互动形式是非常普遍的（Simmel，2016）。

二、布鲁默的符号互动论

布鲁默（Blumer）是美国社会问题研究的专家，他对美国社会问题的研究以及对社会理论的卓越贡献，使其获得了美国其他社会学家少有的荣誉。

布鲁默认为，任何人的行动都是有目的的，而且是一种对他人的回应。因此，行动究其本质而言是社会互动。他强调互动有两种，一种是非符号的互动，另一种是符号的互动。两者之间的区别在于，符号的互动必须有一个解释的过程。第一阶段的解释发生于互动一方的自我对话，其中包括自己的愿望、目的、计划等，第二阶段的解释是要对行动进行选择和决定。

布鲁默认为，符号互动的结果共有三种：第一种是物理性结果，如符号解释的成果可以用桌子、椅子等物理性词语来表达；第二种是社会性结果，如符号解释的成果可以用学生、教师、祖父等社会性词语来表达；第三种是抽象性结果，如符号解释的成果可以用道德、法律等抽象的词语来表达。布鲁默并没有进一步说明三者之间的关系，但是他坚持认为它们都是社会的创造物。更重要的是，同一东西对不同人来说意义不同。例如，具有社会性质的一张纸，如果只将其作为一件物品来看，它是一种自然的存在，但是如果以意义论之，纸则有不同的意义。这种意义的不同来自于与它发生互动的对象不同，造纸的工人对纸的理解与学生对纸的理解一定不同，环境学者对纸的理解很可能又完全不同于前两类人。如果说不同人对于同一事物的理解一定不同，那么人与人之间恐怕很难沟通。但是布鲁默认为人们可以站在他人的立场，通过移情的方式理解他人的观点。如果做到了这一点，人与人之间、人与物之间就可以产生互动。社会学家对这种互动的研究，就可以揭示出人类社会和人类团体生活的本质。

三、哈贝马斯的三种认知兴趣

哈贝马斯（Habermas）是 20 世纪 60 年代初在德国社会科学的各个学科中起着重要作用的较有成就的理论社会学家，是西方哲学社会科学界公认的批判理论和新马克思主义的主要代表人物，并在该领域做出了重大贡献。

哈贝马斯认为，认识是一个具有强烈社会性的特殊认识范畴，是人类维持自身生存的工具和创新生活的手段。在他看来，一个社会想要摆脱外界自然力量的束缚，就一定要采用生产技术和知识改造自然。一个社会想要摆脱政府的暴政，就需要个体具有反思科学的批判性知识。因此，离开对自然界和社会的不断认识，人类是无法生存和延续的。哈贝马斯认为，兴趣是认识论的一个组成部分，它既有认知的成分，也有实践的成分。兴趣不是经验的兴趣，而是理性的兴趣，因为经验的兴趣是由人感到愉快或觉得有用的东西刺激人的感官而产生的需求，其感兴趣的不是行为本身而是行为对象。比如，有人觉得自己的兴趣是集邮，那么这种经验性兴趣就是个体能拥有多少枚邮票，邮票是否稀有等。理性的兴趣则不同，它是对受理性原则所规定的行为所抱有的乐趣。也就是说，它不来自需要，而是唤起需要。理性的兴趣感兴趣的不是行为的对象，而是行为本身。

哈贝马斯还认为，经验-分析的科学研究包含一种技术的认知兴趣；历史-解释的科学研究包含一种实践的认知兴趣；具有批判倾向的科学研究包含一种解放的认知兴趣。他认为这三种认知囊括了人类所有理性领域的基础知识类型，三种兴趣的功能虽然不同，却是人类一切行动的动因。

（一）技术的认知兴趣

哈贝马斯认为，经验-分析的科学是人们关于物质世界的规律的理解的科学。这类知识反映了人类对通过控制自然环境而实现生活资料再生产这一技术的兴趣。这一兴趣旨在促进人类对自然界的理解，逐步摆脱自然界对人类社会的统治。哈贝马斯认为，人类对技术的兴趣是在劳动这一媒介中形成的。自然科学的思想和研究是由技术的兴趣促成的，人类对技术的兴趣为自然科学的发展奠定了基础（哈贝马斯，1999）。

（二）实践的认知兴趣

历史-解释的学科是人们致力于对历史意义进行理解的知识体系及其研究方法的总称。哈贝马斯认为，意义的理解在结构上依照衍生于传统的自我理解的框架，促使行动者的意见达成一致。他将其称为实践认知的兴趣，以与技术的认知兴趣相区分。实践的兴趣对人类历史解释的目的是把人从僵死的意识形态的依附关系中解放出来，以确保个人与集体、个人与他人以及个人之间的相互理解和自我理解。也就是说，实践的兴趣在生活中起到了沟通桥梁及建立人们的共同兴趣的作用。历史-解释的科学是以语言为媒介来体现理解的意义，以满足实践的兴趣的。也就是说，人们通过谈话形成的实践知识给人们的交往行为规定了方向，即通过解释而相互理解，使行为协调一致，从而把人从僵化的意识形态的依附关系中解放出来（哈贝马斯，1999）。

（三）解放的认知兴趣

批判的社会科学致力于揭示人类遭受压抑和被统治等方面的条件，包含解放的认知兴趣。哈贝马斯认为，技术的认知兴趣和实践的认知兴趣都根植于社会体系及其构成要素中，解放的认知兴趣不直接来自社会体系及其构成要素，它是在社会体制扭曲了人们的交往，而这种扭曲变得制度化、合法化之后，为了摆脱制度化的权力控制与压抑而进行的自我反思。批判的社会科学都包含解放的认知兴趣。解放的认知兴趣是人类对自由、独立和主体性的兴趣，目的就是建立起一种没有压制的、具有普遍的交往关系的社会共识（哈贝马斯，1999）。

哈贝马斯认为，人类历史的前进与发展首先取决于解放的认知兴趣，它能对社会的解放和个人的解放起到推动作用，而解放的认知兴趣本身又取决于指导人们获得共识和拥有控制自然界的技术力量的兴趣（哈贝马斯，1999）。

四、布尔迪厄的实践观点

布尔迪厄的社会学理论的出发点是要摆脱主观主义和客观主义的对立。他认为，实践是使主观主义和客观主义达到和谐的重要途径。在实践中，主观与客观、理性与经验、逻辑与想象都有自己的位置。在布尔迪厄看来，实践具有以下特性。

首先，实践具有空间性和时间性，同时还具有暂存性。在这三者中，时间性是最为关键的，时间既限制实践，又为实践提供资源。而且，实践还具有内在的节奏（Bourdier，1977）。实践以及对实践的意识是由社会建构的，然而这种社会性的建构又超越了自然的循环，如白昼、季节的循环。同样，实践也是在空间中展开的，在实践中的运动必然涉及空间的运动。实践作为一种可见的社会现象，在时空之外是无法理解的，因此暂存性是实践的重要特点。

其次，实践具有模糊性。并不是所有的实践都是有意识的，但同时实践也不是纯粹偶然或随机的。布尔迪厄将这种实践的模糊性归纳为实践的逻辑。这种实践逻辑涉及两方面：一方面具有实践盲目性。人类不仅生活在客观环境中，也会被社会整合成为环境的一部分。他们在其中成长、学习并获得一系列实践能力，包括确定社会身份。这样人们认识社会的能力反而有所降低，武断便成为他们自身存在的一种必然方式。许多人想当然地看待自己和社会，从未深思，因为他们觉得没有必要。另一方面，实践逻辑具有不确定性和流动性。

最后，实践具有策略性。虽然绝大部分实践活动并非有意识的，却不是无目的的。作为对结构主义的反驳，布尔迪厄提出从规则走向策略。行动者都有着目标和兴趣。在他们的社会实践经验中，策略是他们的实践之源，即实践的逻辑。这种逻辑有别于那些社会科学家为解释这种实践而建构的种种分析模式。

第六章

积极心理学课程双元互动教学模式中的实践活动设计

在积极心理学双元互动教学模式设计中，实践活动是双元中的一元。设计好实践活动，可以为积极心理学教学注入活力，增强其可参与性。本章第一节主要介绍积极心理学教学实践活动设计的目标要求和方案设计要求。这些要求可以为积极心理学教学实践活动设计划定范围和底线。第二节主要介绍积极心理学实践活动形式的设计，包括团体活动、志愿者服务、微视频、价值澄清、理性情绪法及科学研究。不同形式的实践活动可用于不同教学内容，能够增进积极心理学的教学效果。

第一节　积极心理学双元互动教学模式中实践活动设计的要求

一、实践活动目标设计要求

目标是对积极心理学课程活动结果的预期，是集体活动的导向。雅各布斯（Jacobs，1988）认为，团体实践活动可以达到以下目标：促进团体讨论和成员参与；使团体聚焦，注意力集中；使团体的焦点改变、转移；提供一个经验性学习的机会；为团体成员提供有用的资料；提高团体的舒适度；为团体成员提供感受乐趣和松弛的机会。

活动不但可以促进团体成员的相互交往，而且我们可在整个团体活动过程中，选择不同的时间、通过不同的活动促进团队的发展。因此，积极心理学实践活动的内容和形式都是围绕目标制定的。同时，目标又能对学生起到凝聚作用，团体目标与成员的主观需求密切相关，其一致性水平越高，目标的凝聚力越强。确定活动目标应该注意以下几点。①目标应与学生获得幸福密切相关。积极心理学的终极目标是帮助学生获得幸福，掌握获得幸福的方法。例如，幸福感中首先应有积极、正向的情绪情感成分，因此课程设计中会涉及有关幽默的主题。在增强幽默的主题活动中，教师会组织笑话图片收集、录制幽默视频、幽默意义探寻、幽默分享等活动。②目标应明确、具体。实践活动的目标切忌笼统、抽象。积极心理学的目标包括培养学生进行积极心理学相关研究的技能，因此目标不能只是笼统地说提高科研水平，而是应该具体说明需要培养学生收集资料的能力、进行文献综述的能力及进行调查的能力。③教师在设计活动方案时，首先要了解学生的真实想法，如他们希望从实践活动中学到什么，想解决什么问题。在此基础上，教师与学生一起商定可能达到的目标。

二、实践活动方案设计要求

（一）教书与育人相结合

积极心理学的实践教学首先必须遵循教育规律。大学生正处于自我意识完善的关键时期，此时对其人格及自我意识的发展进行教育，将对促进其终身发展起到极为关键的作用（林崇德，1995）。因此，积极心理学教学首要的要求就是育人。教师在教学中应准确把握学生的身心状态，帮助其树立科学的世界观和积极的人生观，确保其人格完善、心理健康。

（二）传授知识与培养能力相结合

高等教育的最终目标是为社会培养合格的建设者和可靠的接班人。要成为合格的建设者和可靠的接班人，大学生不仅要学习理论知识，更要运用所学知识履行社会职责，这就需要大学生具备相应的能力。因此，在积极心理学教学过程中，教师应注重将传授知识与培养能力结合起来。积极心理学培养的能力与专业知识培养的能力略有差异，积极心理学培养的能力更多地指向幸福生活的方法和技巧，大学生将更有机会获得幸福人生。

（三）理论与实际相结合

积极心理学课程的目的是培养学生幸福生活的能力。能力的培养有多种途径，理论和实际就是两种非常重要的途径。以往的大学教育中比较注重理论教学，在某种程度上有脱离实际生活的倾向，积极心理学教学希望将理论与实际相结合起来，通过多种途径来达到培养学生能力的目的。

（四）教学与科研相结合

创新是一个社会发展的不竭动力（丁纪峰等，2022）。当代中国社会对创新的需求空前，科学研究是创新创造的重要形式，高等教育又是创新创造的重要平台，因此高校在开设积极心理学课程时要将教学与科研结合起来。科学研究不仅可以帮助学生更好地利用所学知识，还可以帮助他们掌握创新创造的科学方法，更重要的是能帮助他们提升发现问题、分析问题及创造性地解决问题的能力。

第二节 积极心理学双元互动中实践活动形式的设计

一、团体行为训练

（一）团体行为训练简述

团体行为训练是团体心理辅导的方法之一，是以学习理论为基础的行为训练模式（吴增强，沈之菲，2001）。辅导者在确定训练目标之后，以群体为单位进行行为训练，采用强化、惩罚、厌恶及条件反射等手段，使个体或群体的行为向辅导者预期的方向发展，即学习者增加某种适应性行为或停止某些不良行为，或使学习者习得某种新的行为，最终实现训练目标。团体行为训练可用于较为基础的心理活动的辅导，如增强注意力、训练扩散性思维等，也可用于一些技巧的学习，如人际关系技巧学习等，但不适用于较深层次的心理活动的辅导，如人生意义、价值观的探讨等。

团体行为训练可以改变行为的方向（正向和反向）和程度。辅导者试图通过团体行为训练使个体或团体习得或者加强适应性行为，即发生正向改变；使个体或团体去除或减少不适应性行为，即发生反向改变。从改变的程度看，又有完全改变或不完全改变的区别，要求个体或团体获得或去除的行为改变是完全改变，只是要求个体或团体增加或减少的行为改变就是不完全改变。

行为改变的方向和程度就是团体训练的目标，它将决定训练内容的设置、时间的安排、训练形式的设计等。团体行为训练用于团体，服务的对象是正常人群，学校中的班级辅导和团体辅导也是很好的方式。同时，团体活动中的人际互动是个别咨询所没有的，团体辅导者要很好地利用这一点。

（二）团体行为训练操作要点

团体行为训练一般用于10～15人的团体。人数过少，会使成员感到紧张、拘束，无法形成良好的团体活动氛围；人数过多，辅导者无法照顾到所有成员，一些成员无法得到行为训练的机会，也容易形成团体无意识的局面。在人数较多的班级，我们可以采用分组活动，让一名学生担任小组的“领袖”。

行为训练团体的成员往往具有共同点，或具有一定的关联性。共同点是指团体成员在年龄或特质上有相似之处。例如，选择积极心理学课程的学生大都希望通过学习心理学获得幸福。主动参与幽默感视频实践的学生大多喜欢开心搞笑的事物。关联性是指成员之间有一定的联系，如他们就读于同一个学院、同一个年级，来自同一个省份，或者住在同一个楼层等。

一项团体训练的时间长短要根据训练的目的和内容来确定。一项行为的改变往往不是几次训练就能实现的，需要制定阶梯式的训练过程和内容。一次训练以30～60分钟为宜，过短或过长都不能取得良好的效果。

团体行为训练的具体流程如下。

1. 通过观察确定训练的行为

开展行为训练时，首先要明确需要训练学生的哪些行为。目标行为可以通过观察来确定。行为训练的目的是使被训练者获得好的行为和改掉不好的行为。要了解学生有哪些不好的行为或者缺乏哪些好的行为，教师就需要对学生的行为进行观察。这里的观察不同于日常行为观察，它是有目的的；观察有系统的计划，不是想看什么就看什么；观察时教师还要随时记录，对观察到的行为进行较为详细的描述，这些描述能为课程建设提供依据。

以应用为标准，观察可以分为结构式观察和非结构式观察。结构式观察是在一定的程序下，有系统和有计划地观察与课程有关的行为，并予以记录。非结构式观察则是在没有明确的研究目的、程序与工具的情况下，在观察的程序、收集材料的范围等方面采取较为灵活的形式。以观察者的身份为标准，可以将观察分为参与观察和非参与观察。观察者主动投入观察情境成为被观察团体中的一员，即为参与观察；相反，观察者以旁观者的角度，只是观察，不参与被观察者的行为干预，则是非参与观察。若按照观察情境来划分，可分为直接观察和间接观察。在观察过程中，凡观察者目睹被观察者的行为，并获得第一手资料的，是直接观察；反之，则为间接观察。

观察技术有多种，具体如下：①事件取样观察法，即在一定的观察时间内，记录某种行为出现的次数；②反应分类法，即在一定的观察时间内，记录被观察者的行为，并对其行为进行分类；③时间取样观察法，即在预定的时间，对情境中被试的各种反应进行全面的观察。通过观察，教师可以确定对学生进行训练的内容。

训练目标可以由学生主动提出，当学生发现自身的一些不足时，他们会希望通过训练进行改善。此时，教师需要辨别这些问题是否可以通过团体行为训练的方式解决，是否具有可操作性。例如，大学生普遍反映跟异性相处比较困难，希望通过团体训练的形式解决这一问题。教师首先要考虑这个问题有无进行团体训练的必要。大学生尝试与异性进行交往，这是一个普遍现象，团体行为训练又是增进人际和谐的重要方式，因此教师可以将其作为团体行为训练活动的主题。

2. 对目标行为进行分析

在确定训练的目标行为之后，教师就要对该目标行为进行分析，以确定训练的过程和具体内容。具体的分析内容包括该行为改变的难度、学生已有的行为情况、改变行为适宜的方法等。例如，培养乐观的心态是较难的，可能需要较多的实践。另外，教师要针对不同的受训者分析其目标行为。对大学生而言，他们的价值观已经基本形成，要使他们形成乐观的心态，就要从改变他们的认知方式入手。

此外，对于一些团体行为训练目标，教师还要制定具体的分目标，以培养乐观心态为例。短时间内养成乐观心态是不现实的，要制定详细的目标，如认识乐观的重要性、对乐观进行新解释、建立乐观心态的具体步骤等。

3. 制订团体行为训练计划

在分析目标行为的基础上，教师开始寻找影响目标行为的相关条件，制订具体的训练计划，设计恰当的活动，以达到训练目标。例如，在帮助学生建立自信心的训练中，分目标可以是在团体中获得自我肯定、在团体中信任他人、在团体中分享自己的感受和在团体中获得信心。教师可以根据这些分目标分别设计活动，如“作文接龙”（增加自我肯定）、“盲道”（增加对他人的信任）、“分享成功”（分享自己的感受）、“优点轰炸”（获得信心）等。

确定目标行为和分目标之后，教师根据团体的特点和目标要求进行活动设计，这就要求教师不仅要掌握团体动力学知识，还要具备一定的组织和领导能力。

4. 实施训练

教师要按照制订的计划实施团体行为训练。在此阶段教师要注意的是：如果所面对的团体是刚形成的，成员之间十分陌生，要先进行一些热身活动，以使成员放松，初步形成团体氛围。

在实施训练的过程中，可能有个别学生有抵触情绪，并影响到其他人，教师不能坐视不理，要及时进行干预，可以和这些学生私下交换意见，如有必要，需对活动计划做出修改。在团体活动的过程中，如果有较多成员对活动提出意见，教师要考虑这些意见，及时对活动计划做出修改。团体活动之间有相互的联系，教师要根据活动的进展对团体辅导计划进行修改，灵活掌握活动的节奏。

二、志愿服务

志愿服务是社会文明发展的重要组成部分。在《中国青年志愿者注册管理办法》中，志愿服务是指志愿者不以物质报酬为目的，利用自己的时间、技能等资源，自愿为国家、社会和他人提供服务的行为。大学生作为社会发展、国家复兴的重要后备力量，在国家和社会发展中起着重要的作用。大学生出于自身的良知、信念和责任，自愿为社会中其他人提供不计报酬的服务，既可以提高自己的人格品质和与他人交往的能力，又可以服务社会。参与志愿服务可以作为提高学生积极心理素养的途径之一。

（一）志愿服务对培养大学生积极心理素养的作用

1. 传递奉献服务精神，是时代进步的表现

“奉献、友爱、互助、进步”是江泽民同志提出的我国志愿者精神的核心内涵（共青团中央，2000），这样的精神内涵也体现了习近平新时代中国特色社会主义思想的实质要求。大学生志愿者是社会志愿服务队伍的重要组成部分，其志愿活动会将“奉献、友爱、互助、进步”的精神传播到各个领域，对人们的人生观、价值观、生活方式、人际关系都具有不小的引导作用。大学生志愿者传播了文明，传播了追求、责任和理想，也传播了“爱心献社会，真情暖人间”的精神。

2. 有助于提升大学生团结合作与人际交往能力

人是社会的人，人总是在社会关系中生存和发展，人的能力的形成、发展都离不开社会关系。大学生志愿服务活动是一种社会性活动，大学生个体必须与他人交往，同他人发生联系。这都有助于培养大学生志愿者的人际交往能力。有些大学生比较内向，害怕跟自己身边的人交流，参与志愿服务可以帮助他们克服这种心理障碍。在志愿服务过程中，志愿者们具有相同的身份，很容易建立融洽的合作关系，同时他们在志愿服务活动中要与他人交流，交往的对象增加，这在无形中提高了他们的交流能力。

志愿服务本身就具有一整套庞大的体系，每项服务活动有其自身的运行机制，这种运行模式不是独立的个人可以完成的，需要所有参与活动的人一起策划，一起进行。在这个过程中，志愿者可以畅谈自己的想法，也可以听取别人的

建议，还要学会如何融入一个团队，并且与团队成员团结合作，这些志愿服务活动特色有助于提高大学生志愿者的团结合作能力。

3. 有助于满足大学生的精神需要

大学生志愿服务的主要功能是满足大学生自身的精神需要。具体来说，是指大学生志愿者在积极投身社会实践或志愿服务活动的过程中，在服务他人、奉献社会的过程中，得到自我肯定、自我完善，获得一种精神上的享受。

马克思指出，人的本质是一切社会关系的总和（中共中央马克思恩格斯列宁斯大林著作编译局，2009），这一基本属性决定了大学生自我价值的实现不是一个孤立的过程，必须依托相应的社会需要，离开了社会需要，自我价值的实现就无从谈起。因此，大学生要想实现自身的价值，就不能够脱离社会实践。志愿服务作为一种社会实践，是大学生从高校步入社会的一个桥梁。在这个平台上，大学生能够沉淀自己，使自身的精神境界得到升华，在服务中感受到满足并实现自我价值。大学生志愿者在进行志愿服务活动中，在“奉献、友爱、互助、进步”的志愿精神的激励下，在现实的社会生活和人际关系中，能够深深地感受到他人和社会对自己的需要。尤其是在志愿服务活动结束后，大学生志愿者的身心都能够得到一种满足。“赠人玫瑰手有余香”，帮助他人后，大学生可能会不自觉地产生一种自豪感，同时身心都得到放松，感受到快乐，在这个过程中大学生获得的是一种享受。

4. 有利于培养和践行积极的价值观

大学生志愿服务能够彰显社会主义核心价值观基本内涵。大学生志愿服务是高校志愿服务组织在共青团中央的指导下进行的活动，坚持的是中国共产党的领导，有着正确的思想和方法的引导。社会主义核心价值观是新时代的主流意识形态。大学生志愿服务与社会主义核心价值观的培育和践行是相互联系的，大学生志愿服务能够彰显社会主义核心价值观的基本内涵。社会主义核心价值观中的“富强、民主、文明、和谐”“自由、平等、公正、法治”“爱国、敬业、诚信、友善”要求，从国家层面、社会层面、个人层面提出了价值目标、价值要求和价值准则，而志愿服务体现的“奉献、友爱、互助、进步”精神为新时代的大学生提供了积极的价值观念引导。二者在价值准则、目标指向和实践路径上都是一致的，在价值准则上都强调行善立德、互助友爱；在目标指向上都是为了实现人民幸福这一最高理想；在实践路径上都是以教育引导、营造社会舆论、构建个体品德、立足社会实践等方式实现。志愿服务理念与社会主义核心价值观在国家、社会、个人三个层面高度契合，文化底蕴互通，主要功能相近，其行为本身都是对社会主义核心价值观的生动阐释及外在表达。因此，可以说大学生志愿服务蕴含着服务意识、公共精神、无私奉献的价值观念，是社会主义核心价值观基本内涵的一种反映。二者的结合，不仅能够使社会主义核心价值观对大学生志愿服务具有引领作用，还可以促进社会主义核心价值观在全社会的培育和践行。将社会主义核心价值观融入大学生志愿服务中，有利于提高大学生对主流价值观的认同感，通过大学生志愿服务向公众传播社会主义核心价值观，增强公众的道德意识。

（二）大学生志愿服务的领域

随着社会的进步，参与志愿服务的大学生越来越多，服务范围也从小到大，服务领域越来越广，从乡村振兴到社区建设，从环境保护到大型活动等，都有大学生志愿者的身影。

1. 乡村振兴

这里的志愿服务乡村振兴是指大学生以志愿服务的方式到乡镇地区开展服务，主要服务内容涉及基础教育、医疗卫生、农业科技推广、乡镇企业发展等方面。近些年来，各高校积极参与其中，组建研究生支教团队到乡镇地区进行支教。大学生志愿服务西部计划就是乡村振兴计划之一。2023 年是西部计划实施 20 周年。20 年中，全国累计招募派遣 46.5 万名大学生志愿者在 2000 多个县（市、区、旗）基层服务（杨宝光，2023）。另外还有暑期三下乡活动，活动中大学生志愿者深入农村基层开展扫盲和文化科技卫生服务，推进农村的经济社会发展。乡村振兴是我国社会建设发展的重中之重，需要更多的人参与进来。大学生志愿者接替坚守阵地，一年又一年地进行接力服务，在艰苦的地方奋斗，为全面建成小康社会付出了一份力量。

2. 社区建设

中国的志愿服务是从社区发展起来的，同时这个领域也是当代大学生参与人数最多的志愿服务工作领域。社区建设主要围绕两个方面展开。一是大学生志愿者长期结对服务。他们以孤寡老人、残疾人、生活困难的离退休工人、下岗职工、特困学生、国家优抚对象等困难群体为主要服务对象，通过志愿者组织牵线搭桥，采取一名大学生志愿者或一支大学生志愿者服务队为一个困难家庭提供经常性服务的形式进行。二是大学生志愿者进社区活动。大学生利用周末或课余时间，就近就便以志愿方式为社区提供科教、文体、法律、卫生等方面的服务。大学生志愿者参与社区建设，不仅可为社区创效益、添温暖，还能促进大学生的成长。社区志愿者服务活动同时起到培养人和造就人的作用，能够同时促进社区发展与大学生成长，反映了大学生志愿服务工作的应有之义和最终目的。

3. 环境保护

习近平总书记一直强调“绿水青山就是金山银山”（习近平，2020）。环境保护是必须长期坚持的一项基本国策。共青团中央联合生态环境部调动社会资源，集中组织，动员青年开展各类环保志愿服务。这些青年志愿者中有很多是大学生，他们开展了以植树造林、清除垃圾、整治水污染为主的环保志愿服务。在志愿服务过程中，他们向村民宣传环境保护的重要性，增强了农民的环保意识，还帮助村民掌握节能技巧，减少能源浪费。各地启动了系列环保志愿服务活动，如保护母亲河、世界无烟活动、植树活动、文明旅游等，大学生志愿者都在其中展现出了风采。

4. 大型活动的志愿服务

改革开放以来，中国在发展经济、繁荣社会的同时，也积极参与重大国际活动，承担大国的社会责任。在一系列大型赛事中，都有很多大学生志愿者的身影，他们代表中国新生代出现在各种场合，为各种赛事提供服务。其中，最著名的就是2008年北京奥运会，那是志愿建设上的一个里程碑，使“志愿”成为一个热词。此后，志愿组织如雨后春笋般涌现出来。在上海世博会期间，有8万多名志愿者参与服务（庞兴雷，2010）；庆祝中国共产党成立100周年活动中，有8.95万名志愿者参与了志愿服务保障工作（代丽丽，2021）；在2022年的北京冬奥会上，有1.4万名北京高校志愿者参与志愿服务（何蕊，2022）。参与这些志愿服务的大学生有着较高的政治素养和文化素养，为塑造及展现中国和谐友善的形象做出了重要贡献。

5. 救援服务

在长期的发展历程中，中国志愿事业积累了一定的日常服务和应急服务经验，为我国开展救援服务打下了良好的群众基础。在应急救援服务中，大学生志愿者发挥了重要作用。例如，2022年泸定地震后，四川组建省青年应急志愿服务总队，下设应急通信、心理援助等12支专业支队，常态化储备骨干志愿者300

余名，组建各级“守护生命”应急志愿服务队伍3952支，招募志愿者6.15万余人（吴浩，2022）；2020年疫情期间，各地大学生有条不紊地参与疫情防控志愿者活动（谭建光等，2020）。在灾难中，大学生志愿者与受困群众在一起，极大地鼓舞了受困群众战胜困难的勇气。

6. 海外服务

2002年5月，团中央、中国青年志愿者协会开始实施中国青年志愿者海外服务计划，选派5名青年志愿者赴老挝服务。2005年10月，团中央会同商务部将这项工作纳入国家对外援助工作实施范围，共同开展援外青年志愿者工作。至2016年6月，已累计向22个国家派出661名青年志愿者，其中亚洲（5个国家）163人、非洲（16个国家）458人、美洲（1个国家）40人，受到来自国内外领导人和社会各界的高度评价（李婧怡，2016）。这些青年志愿者中就包括大学生志愿者。

三、微视频

视频是一组画面连续的电子动态图像。微视频是指最短30秒、不超过20分钟，内容丰富、类型多样的电子动态影像，包括DV短片、影视剪辑、小电影等多种形式，可以采用手机、相机、平板电脑等录制，通过电脑、平板电脑或手机等多种视频终端播放。

（一）微视频实践教学的意义

第一，微视频实践教学强调学生的参与性，有利于促进学生知行统一，提高学生的综合素质。实践教学是指导学生从知到行的教学活动，微视频的拍摄特别强调每个学生都参与其中，学生走进教学楼、宿舍、食堂、公园等场所进行微视频的创作。优秀微视频的拍摄，包括任务的梳理与分解、创意的收集、内容的选取、剧本的创作、后期的剪辑等工作。这个过程不仅要求学生对课堂上学到的理论知识有精准的把握，同时对学生的逻辑思维、组织能力、计算机运用能力等方面提出了更高的要求，因此在实践教学的过程中，学生的综合素质能得到提高。

第二，微视频实践教学注重形式和内容的多样性，有利于增强积极心理学实践教学的吸引力和感染力，提高教学的实效性。积极心理学教学内容的理论性较强。而微视频拍摄简单易行，趣味性较强。学生可以自由选择拍摄视角，这恰好是学生乐于接受和喜爱的实践方式。另外，微视频拍摄这一实践教学形式可以让学生更开放地去思考问题，围绕在课堂上学到的知识，选取自己感兴趣的角度，以拍摄微电影、微访谈等方式进行创作。在学生认真挑选演员、走出课堂、用心拍摄的过程中，学生的自我价值感和自我效能感得到进一步增强。他们同时也用视频的方式记录了自己的大学生活，加强了同学之间的情感联系，深化了学生对积极心理学课程的认知。

第三，微视频实践可以融入教学内容，能够取得更好的教学效果。在“互联网+”背景下，“积极心理学”一词看起来非常吸引人，但在市场经济等因素的影响下，积极心理学的育人目标面临很大的挑战。怎样在新时代更好地达到情感教育目标？怎样更好地将积极心理学理念融入学生认知中？例如，积极心理学课程要求学生从幽默感、价值观、道德、兴趣等角度进行微视频的拍摄。想要拍摄出真正优秀的微视频，学生就要对所学内容做到真懂、真信。学生在思考、理解的过程中，将教学内容潜移默化地融入实践中，并在多元价值观的冲击下，更深入地了解我国的现状，明确自己的目标。

（二）微视频实践教学的特点

第一，精简性。精简性是微视频的主要特点。关于微视频的界定，最重要的标准是它的时长较短。短小精悍这一特点是微视频与传统视频的直观区别。互联网时代的大学生习惯于接收短小而零碎的信息，尤其是那些能在短时间内迅速掌握主题的信息。微视频需要在有限的时长里尽可能地展现想要表达的内容。换言之，微视频需要在短时长内呈现必需的知识内容。因此，它输出的信息须准确、简洁。

第二，便捷性。便捷性是微视频教学的显著特点之一。微视频最显著的特征就是“微”。这里的“微”不仅指篇幅小、内容精准，还指它的终极内存小，不需要占用大量设备空间，人们可以随时随地用电子设备拍摄保存，或者是下载保存，不需要使用额外的大内存设备。微视频只需要占用较小的终端空间，因此上传和下载都很方便。随着5G时代的到来，微视频的上传和下载将更加方便、快捷。另外，由于微视频教学时长较短，教师可以根据课堂教学的实际需要进行有机拼接、整合，比以往编辑和处理视频案例片段容易。

第三，丰富性。微视频短小精悍，时长一般不超过20分钟，还要发挥辅助教学的作用，这就对微视频内容的丰富性、完整性提出了更高的要求。为了在短时间内表达积极心理学的某一主题，有必要收集丰富的素材或对微视频内容进行一定程度的细化，保证单位时间内呈现的积极心理学信息具有重要的教育意义。

（三）微视频的构成要素

1. 空间维度构成要素

视频中的每一个镜头都是一个真实或虚拟空间的影像。声音和画面的同步可以将这一影像描绘得更为立体、真实。它能给人一种身临其境的真实感，是其他艺术形式不能相比的。在微视频中，构建空间的要素可以概括为画面和声音两大类。其中，画面要素包括人物画面、环境画面及人物环境画面等；声音要素包括环境声音（自然或人类活动发出的声音）、音乐声音、人物声音（旁白、独白、对白）等。积极心理学实践类微视频记录的是学习积极心理学的学生的实践活动。在拍摄时，学生经常是一个人自导、自演、自拍。学生的拍摄镜头一般固定，且一般没有对白，多为旁白、独白、音乐及环境声音。

2. 时间维度构成要素

一个完整的微视频包括事件的发生、发展、高潮和结尾等部分。微视频拍摄时，学生分别拍摄一段段情节，最后进行连接，也正是一个个情节的刻画使得微视频内容符合逻辑并不断发展。

（四）微视频制作常用的硬件和软件

1. 摄像设备

摄像设备是微视频制作中的核心设备，其主要功能是获取制作微视频所需的图像画面。在专业的大规模影视作品拍摄中，摄像设备操作复杂且价格高昂，体积大、重量大，不适合学生在拍摄微视频时使用。如今，手机功能日渐完善，变成了集记录、交流、娱乐等功能于一体的生活必需品。手机常常扮演着记录工具的角色，人们可以随时随地用手机记录下正在发生的事情和眼前的风景。目前有很多视频编辑软件可以在手机端应用。因此，将手机作为微视频制作的摄像设备，既方便，又降低了成本。除此之外，平板电脑、相机也可以作为摄像设备。

2. 声音采集设备

摄像设备具有录音的功能，所以在微视频录制过程中声音和影像的采集可以同步进行。但有时画面内的人物远离摄像设备，会出现采集到的声音小、不清晰等状况；或是在野外拍摄，风声、机械的噪声太大等，这时就需要专门录制配音或环境音来替换原本不完美的声音。大学生通常使用录音笔、电脑麦克风录制声音，或是直接用手机进行录制。

3. 剪辑软件

所有的视频要素都需要在剪辑软件中进行融合。剪辑软件的功能就是将画面、声音、情节在时间线索上安排好，并最终将多个要素合并成一个完整的视频文件。常用的视频剪辑软件有绘声绘影、Adobe Premiere Pro 等专业软件，也有非专业人员常用的爱剪辑，以及众多的手机剪辑软件。这些软件都可以实现视频剪切、合成，以及转场特效、音效、字幕、贴图添加等功能。

四、价值澄清

（一）价值澄清简述

价值澄清是路易斯·拉斯（Louise Raths）教授等在对传统的价值观教育法进行研究分析的基础上提出来的，曾在美国风行一时，对学校的道德教育实践产生了很大影响（转引自 Chazan，1985）。这一方法与科尔伯格（Kohlberg）的道德教育认知发展理论一起被人们称为美国过去 20 年中最主要的两种道德教育方法。价值澄清的目的不是灌输给学生一套事先安排好的、严谨的价值观，而是通过心理帮助指导学生掌握一种分析过程，这种过程可以用来反省自己的生活，对自己的行为负起责任，从而澄清自己的价值观。这种方法非常适合在集体的情境中使用。学生可以在共同的价值辨析中，经过心理互动过程，达到主动学习、自我评估和自我改进。

价值澄清包括以下四个关键因素。

1）以生活为中心。价值澄清主要关注如何解决有关的生活问题。这些生活问题既包括与自己的生活有关的问题，也包括更为一般的生活问题，特别是学生感到困惑的问题。

2）接受事实。价值澄清强调要原原本本地接受他人，不必对他人的言行进行评价。这种接受意味着在接受自己的过程中帮助别人，与他人真诚相处。

3）进一步反省。这不仅要求学生接受某种价值，而且要求学生对价值做进一步的反省，特别是综合反省。这就需要学生做出更多明智的选择；更多地了解自己珍爱和珍视什么；把珍爱、珍视更好地整合到日常行为中。

4）培养个人能力。价值澄清方法认为，人不仅能反省和思考价值问题，而且能整合自己的选择、珍视行为，并能在日后表现得更好。所以，价值澄清不仅要鼓励学生练习澄清的技巧，而且要培养个人深思熟虑地进行自我指导的能力（冯文全，2005）。

（二）价值澄清的操作要点

1. 价值目标的确立

学生在表达某种态度、抱负、目的、兴趣及行动时，就是指导者把握价值澄清的最好时机，态度、抱负、目的、兴趣及行动也称为价值目标，具体如下。

目标 1：态度。学生对某种事物表示赞成或反对时便展现了他们的态度。学生本人不一定每时每刻都能觉察到自己的态度，有时难免会相互矛盾，这时便需要帮助他们去澄清。

目标 2：抱负。学生叙述自己长远的计划时便展现了他们的抱负。例如，“将来……”“我希望以后……”。学生的这些抱负有可能半途而废，对此教师应该鼓励学生面对现实，扫除障碍。

目标 3：目的。当学生有了短期的打算时，便展示了他们的目的。例如，学生说“等我考过了教师资格证，我要到偏远地区支教”，其目的是增加生活体验、彰显生活意义、把握生活方向。教师应帮助学生分析结果，并探讨可行的实现途径。

目标 4：兴趣。当学生在空闲时间自动去从事某种活动时，便显露了他们的兴趣，如弹奏乐器、跳舞等都是兴趣的具体体现。学生的兴趣活动并非都能成为价值，有些不过是心血来潮的举动，有些则是经过长期考虑的结果。教师可以对学生的各种兴趣爱好进行细致了解，以澄清哪些是暂时的，哪些是长久的。

目标 5：行动。行动不一定表明价值观，弄清行动是否反映基本价值观要视具体情况而定。例如，“下课后，我通常去……”出自个人选择；“上周末，我去了……”可能就不一定出自个人选择。为此，当学生有价值指标的行为表现时，应尽量抓住机会，帮助他们澄清，使他们能在正确价值观的指导下行动，不至盲目。

2. 价值观的建立过程

价值澄清法强调的不是价值本身，而是获得价值观的过程。路易斯·拉思斯指出，任何一种观念、态度、兴趣或者信念要真正变成一个人的价值观，一般包括七个步骤（路易斯·拉思斯，2003）。

步骤1：自由选择。一个人的价值观必须是个人自由选择的，经过自由选择而确立的价值观更加稳定，不管碰到什么情况，不管是否有人打扰，都能起到引导个人正确行为的作用。反之，学生在强迫灌输下获得的价值观，在他人的监控下能够发挥作用，一旦脱离了他人的视线便很难起作用。

步骤2：从各种不同的途径中选择。真正的价值观是选择的结果，但是如果学生没有选择的余地，那么他的选择行为就不会发生，真正的价值观也无法发展。选择必须在相当有余地的情况下进行，只有让学生在两种或者两种以上的事物中进行选择才有意义。例如，学生希望让别人喜欢自己，他可以有许多途径实现这一目的：穿着干净整洁、举止礼貌大方、情绪活泼愉快、与同伴之间友好谦让、爱帮助他人等。

步骤3：评估之后再做选择。在情绪冲动的情况下，未经思考，一个人贸然做出的价值观选择结果并不是真正的价值观。只有在对各种不同的后果进行了认真的考虑和比较后再做出的选择，才能成为真正的价值观。

步骤4：珍惜所有的选择。人们对自己认为有价值的东西会珍视并引以为豪。只有学生重视的内容，才有可能成为其真正价值观的一部分。有些纵然是在自由选择的情况下经过认真思考才做出的选择，但如果并不珍视它，那么最后仍不能成为价值观的一部分。

步骤5：公开表示自己的选择。如果选择是在自由的环境中经过认真的思考做出的，而且个体非常珍视它，那么当有人问起时，个体一般会很自然地愿意公开。正常情况下，人们愿意在大庭广众之下公开表达自己的价值观，承认自己的价值观，支持和拥护自己的价值观。如果视自己的价值观为痛苦和羞耻，那么就会百般掩饰、不敢公开，这种价值观不可能成为真正的价值观。

步骤6：根据自己的选择采取行动。一个人的价值观能左右他的生活，对他的日常行为产生重要影响。如果一个人认为某种东西有价值，就会非常乐意为其付出自己的时间、精力、金钱乃至生命。如果一个人口头上说喜欢或珍视，而没有相应的行为，并不能说明其真正珍惜那个事物。

步骤7：重复根据自己的选择所采取的行动。如果一个人的某种观念、态度或兴趣已经转变为价值观，那么就会将其表现在行为上，这种行为会呈现出跨时间和跨情景的一致性。

在积极心理学的实践教学中，一个活动可能仅仅会用到以上步骤的两到三个。因此，教师应根据学生的能力及现实需要选择其中几个较为恰当的步骤来实施（Raths et al.，1978）。

五、理性情绪法

（一）理性情绪法简述

理性情绪法又称为情绪ABC，是心理辅导活动中用来进行情绪调节的一种方法。其中，A指诱发性事件（activating event）；B指个体在遇到诱发事件之后产生的相应信念（belief）；C指在特定情境下个体情绪及行为的结果（consequence）。

理性情绪法源于美国心理学家艾利斯（Ellis）于20世纪50年代提出的理性情绪疗法（rational emotive therapy，RET）。其基本要点是：人类生而具有理性的思考和非理性的倾向，造成问题的原因不是事件本身，而是个体对事件的判断和解释；情绪障碍来自不合理的思考，进而引起自我挫败行为。艾利斯还指出，人具有克服这些不良倾向的潜能，可以用理性哲学对抗非理性思考，改变思想则可能导致情绪和行为改变。因此，教师应该采取主动指导的方式，指出学生的思考中不合逻辑的地方，说明非理性思考引起了焦虑和神经症性行为。教师要鼓励学生改变不合理的信念，或者对抗、取代不合理信念，以获得理性生活哲学（孙远刚，2005）。

（二）操作步骤

1）了解目前所要解决的情绪问题。教师要比较全面地了解学生情绪发生的背景、事件等，明确目前学生所遇到的问题是什么、要解决的问题是什么。当情绪问题出现时，我们常常会强调它的结果，但对它发生的背景、引发情绪的事件等却可能会疏忽。所以，弄清楚发生了什么事很重要。这就为以下要进行的辅导活动打下了基础，对辅导进程起到引导作用。

2）确定情绪的诱因，即事件。也就是说，对具体情境实践进行描述性概括。这里所说的描述性概括是指对实践不加以任何的评价和推论，而是从实际出发，只对客观事件进行描述。这样做的目的是避免因人为的因素混淆事实。因为有些时候有的人常常会在叙述事件时不自觉地加上自己的想象和推论，把真实的和想象的混为一谈，使事件失真。只有弄清真相，我们才有可能分析对事件产生的想法是否合理。

3）寻找情绪背后的想法。在某一事件发生之后，个体会伴随性地出现某些情绪问题。但事件和情绪之间不存在直接的因果关系，因此个体要寻找情绪产生的原因。这就要从引起情绪的想法入手，深挖情绪背后还没有表达出来的潜台词，看看究竟是什么想法导致了情绪问题，想法明确了，情绪问题出现的依据就清楚了。通过分析，教师与学生一起把与某一情绪问题有关的想法展现出来。

4）针对上述想法进行剖析。教师结合不合理信念的三个特征（绝对化、以偏概全、悲观主义），分析这些想法是否具有不合理的特征，不合理之处在哪，然后确认是哪些不合理的信念引起了目前的情绪。在剖析的过程中，教师要帮助学生及时消除目前不合理的观念，调整已有的认知习惯。

5）提出新的合理想法。学生在调整原有的认知结构之后建立了新的想法，原有不合理的信念得到修正。在新想法的基础上，当学生重新面对事件，尝试用合理的新信念来考虑问题时，其情绪就会趋近合理化。

6）感受新想法下的新情绪。当新的想法出现时，学生的情绪就会跟着发生变化，新的感受就会产生。请学生体验两种不同想法所带来的不同情绪状态，并对前后两种想法和情绪进行比较，学生就能很自然地感受到想法改变后所带来的情绪改变，并肯定这种改变。

7）小结。总结在解决这一问题的过程中，教师和学生一起驳斥了什么不合理信念、有什么启示。小结的作用不是总结所谓的知识点，而是对整个思维过程进行整理和回顾，使已经取得的一些有效改变得到强化。

（三）注意事项

1）理性情绪法一般适用于因认知上的原因而导致的情绪问题。因为理性情绪法主要是通过改变认知来调节情绪，如果在观念上没有改变的可能，这种方法就很难起到作用。

2）理性情绪法适用于正常人的一般情绪问题。它所解决的情绪问题通常比较简单、程度相对较轻，而对于已经偏离正常轨道的情绪问题很难奏效。

3）理性情绪法适用于有一定思维和判断能力的人群。该方法对于理解和认知能力不足的婴儿和智力水平明显下降的老人，或者智力、精神有缺陷的人不适用。

4）理性情绪法可以有效地调节情绪。但情绪困扰并非都源于非理性信念，所以理性情绪法不是解决一切情绪问题的“法宝”。在将该方法应用于积极心理学教学过程中的时候，教师要注意其适用性。

六、科学研究

随着创新创业浪潮的发展，科研能力已经成为本科大学生的必备素质之一。大学生几乎都是从高中直接进入大学的，没有受过科研方面的训练。大学生还不会自己选择研究课题、查阅文献资料，更不会撰写科研论文，这不利于对大学生创新思维的培养，更不利于促进学者型人才的发展。

在运用科学研究进行实践活动设计时，教师要遵循以下步骤（徐云杰，2011）：①在进行科学研究前，教师主要介绍研究的基本原则、基本过程和具体研究方法；②学生查阅资料、在现实生活中观察；③学生进行自主选题，在课堂上进行集体讨论，确定研究课题；④学生进一步查阅文献资料，撰写文献综述；⑤学生做实验设计，进行课题论证；⑥学生进行实验，收集资料；⑦学生整理资料，分析结果，撰写实验报告；⑧全班进行实验报告。

第七章

积极心理学双元互动中的课堂教学过程

课堂教学是积极心理学双元互动教学设计中的另一元。精彩的课堂教学是积极心理学教学成功的必备要素。本章第一节主要介绍积极心理学双元互动中的教学组织，包括课堂教学的准备、课堂教学的进行及课堂教学的结束。第二节主要介绍积极心理学双元互动中的教学评价，包括积极心理学课程评价的思路及操作流程。

第一节 积极心理学双元互动中的教学组织

积极心理学的教学组织是指为了完成特定的积极心理学教学任务，师生按照一定的要求组织起来进行活动。教学当然有一定的活动结构，即教学有法。而积极心理学课程的教学是一种创造性过程，其效果取决于师生双方的创造性活动，从这个意义上说，教无定法。

积极心理学的教学组织要体现人本主义心理学以人为中心的教学思想。关于教学设计的问题，美国心理学家、教育学家罗杰斯对传统教师与新型教师的作用做过一番比较。他认为，在教学设计中，一名优秀的传统教师考虑的问题是：如何针对不同年龄阶段和发展水平的学生设计出最适合的课程？我能为学生设计出一套好课程吗？怎样培养学生对该课程的学习动机？用什么方式能使学生学习到知识？这些问题都集中在获得知识层面。作为新型教师，其要考虑的问题应该是：学生希望学习什么？什么事使他们感到困惑？他们想解决什么问题？显然，罗杰斯强调从学生本身的需要出发，努力引导他们进行自我思考、自我指导和自我评价，力图把课程变成满足学生成长和个性整合需要的一个自由解放过程（卡尔·罗杰斯，杰罗姆·弗赖伯格，2015）。因此，在积极心理学的教学过程中，教师要树立“四个结合”的教育理念，即教书与育人结合、传播知识与培养能力结合、教学与科研结合、理论与实际结合，并抓好以下教学环节：教学准备、教学实施和教学总结。

一、积极心理学双元互动中的教学准备

要上好一堂积极心理学课，课程的准备非常重要，具体包括了解学生、建立关系、确定专题等方面。

（一）了解学生

了解学生是教育好学生的前提，是有效进行教学组织的基础。优秀教师常说备课不仅要备教材，更要备学生，只有充分了解学生，才能有的放矢地设计教学活动和得心应手地驾驭教学过程。从积极心理学课程的特点和要求来说，了解学

生，首先要了解学生的年龄特点、心理特点和该年龄阶段学生的主要心理问题；其次要了解学生近一段时间关注的热点和需求；再次要了解学生对积极心理学课程的基本要求、期待及迫切程度，以及希望采用什么样的教学形式、有什么建议；最后要了解发生在学生身边、引起大家关注或可讨论和引导的典型案例。以上这些要了解的信息都可能为提高教学效果提供助力。了解的方法包括观察、访谈、小型座谈和简单的书面调查等。

（二）建立关系

融洽的师生关系是保证教学效果的基础。教师要在课前利用一切可能的条件及机会与学生接触，和学生互相熟悉，让学生喜欢教师、信任教师，愿意与教师接近、聊天，这有助于开展课程教学活动。

（三）确定专题

确定专题包括选择话题和确定标题。积极心理学课程包含情感教学目标和学科教学目标双重目标。确定专题时，首先要考虑积极心理学研究成果的归类，并不断将新的研究成果归到已有研究范畴内或者开辟新的专题。在情感价值观教学方面，教师要激发学生的主体性和积极性，调动学生的一切积极因素，使其形成良好的积极感受、正确的价值观念和健全人格。因此，积极心理学课程不能按照教材按部就班地进行教学，更不能对着教材照本宣科，教师需要从学生的实际出发去组织教学，因而专题选择尤为重要。在课前，教师要根据对学生的了解，选择积极心理学学科研究成果中比较稳定、学生又饶有兴趣的话题，并用确切的语言表述出来。标题要清晰、简洁、生动、贴切，能引起学生的探究欲望。

二、积极心理学双元互动中的教学实施

要想把一堂积极心理学课上好，教师需要组织学生积极参与课堂教学和社会实践。这就要求教师必须抓好三个主要环节：专题的导入、活动的开展、提问与反馈。

（一）专题的导入

上课伊始，教师的主要任务是激发学生参与活动的积极性，让学生产生学习兴趣和有所期待，以使学生更好地参与教学活动。根据实践总结，教师可以采用

以下几种方式。

1. 热身法

在课程开始时，教师采用一些与本节课内容有关的音乐、视频等来调动课堂气氛，以激发学生参与教学活动的积极性，使学生集中注意力、抖擞精神、调整好心态，准备上课。热身活动的形式可以根据学生的年龄和特点来选择。

2. 开门见山法

教师以生动有趣、直接清晰的话语作为开场白，一开始就直截了当地引出要讨论的主题，以解除学生的困惑，增强学生参与的主动性。

3. 发问法

教师通过提出与主题有显性联系或者有隐性联系的设问，导入课程。

4. 案例法

教师可以选择发生在学生身边的真实事件引入主题，真实事件可以通过教师口述、播放微视频或者学生表演等方式呈现。

5. 自我袒露法

自我袒露法就是教师通过向学生真诚袒露发生在自己身上的事情及感受来导入主题。除此之外，还有引导回忆法（让学生回忆曾经的生活经历）、自我测试法（让学生进行与主题有关的、感兴趣的简单测试）、游戏活动法、悬念法和创设情境法等。

总之，在积极心理学课程教学的开始阶段，教师应力求营造一种平等、轻松、和谐、开放、欢快的课堂气氛，让学生从中感受到本课程的特点和吸引力，使其带着期待进入课堂。好的开始是成功的一半。学生从一开始就对课程形成一种良好的印象，具有乐知、好知的态度，对以后的学习会产生重要的影响。

（二）活动的开展

积极心理学课程有许多开展形式，但它们并不是教学的目的，只是实现教学目标的手段。为了让学生在各种教学形式中获得体验和感受，增强情绪情感的影响力、感染力，教师可以运用以下方法进行教学组织。

1. 引导法

在教学过程中，教师应善于引导学生进入角色、投入活动之中，积极参与讨论。教师要注意调整自己扮演的角色（通常是扮演一个较为次要的角色），注意自己的教态（让学生觉得教师跟他们在一起）；注意自己的语音、语调，同时要有亲和力、感染力，用商量、尊重、接纳的语言来引导学生。在学生思考问题前后，教师可以用“你是说……”“你觉得……”“你相信……”等话语引导学生思考及充分表达自己的情感和想法，以促进团体的分享和沟通。教师的作用是促进讨论和对讨论活动进行适当调节，保证讨论不离题、不冷场。教师可以用如下语句来引导学生进行深入讨论：“让我们看看，我们正在讨论的问题……”“对于××同学刚才提到的想法，你的想法如何呢？”“我感到有些同学似乎有不同的看法，能与大家说一说吗？”“我觉得，这个观点只注意到了问题的一个方面，谁想到了另一个方面？”教师通过这些语句激发学生的思考活动，并使其充分表达自己的思想和情感，以促进团体内的开放性沟通。

2. 明朗化方法

教师除了反馈学生所说的话或者情感外，还要把模糊隐含、学生未能明确表达的情感和想法充分表达出来。这种明朗化过程可以帮助学生了解自己，增进同学之间的理解和沟通，也有助于促进师生之间的情感沟通。

3. 面质方法

学生有时会回避自己的真实想法和情感，或逃避自己应负的责任，或为自己的不当行为寻找各种借口。在这种情况下，教师有必要面质学生，帮助学生觉察自己的感觉、态度、观念和行为上不一致或者不协调的地方，促使其自我思考、分析、判断，勇敢面对现实。当然，面质要建立在对学生理解、尊重和接纳的基础上，教师要注意语言和语调，既要肯定学生已有的想法，又要用平等、商量的口吻来点出学生不愿意面对的现实和问题。教师切忌以居高临下的姿态和语气去指责或批评学生。教师可以用假设的态度、缓和而有弹性的语气来提问，例如可以用这样的问话：“事情会不会是这样的，你想成为一个成功的人，但你并不一定能够梦想成真？”“刚才，你们已经说出了自己的想法，可是老师觉得还缺少点什么，能否请大家对成功再深入思考一下，再想一想、议一议，你们一定会有新的想法和认识。”

4. 链接方法

链接方法犹如穿针引线，即在教学过程中，教师要把零碎的资料、素材，通过链接、归纳、总结等方式，形成较为完备的资料，以帮助学生获得完整而系统的经验。另外，在活动期间，教师要注意衔接和引导，以便学生感悟。

（三）提问与反馈

双元互动的积极心理学课程意在让学生在活动参与中体验和感悟，因此活动后的感受分享与教师引导必不可少。双元互动的互动性也体现于此。

1. 提问

在积极心理学课程中，教师可以准备以下情境中需要的提问：导入主题时的提问；创设情境之后的提问；游戏活动后的提问；角色扮演后的提问；引导学生思考和讨论的提问；冷场时的提问；教学结束时的提问（归纳与延伸）；等等。

教师提问在积极心理学课堂中的作用非常重要。因此，教师不能为了提问而提问，而是要围绕教学目标来设问。教师应通过提问引发学生的思考和讨论，进而提高教学目标的达成度。因此，教师提问时要注意以下方面。

第一，提问要重在情感，慎用"为什么"。教师发问的着眼点在于引导学生的感受，教师应充分考虑和尊重学生的感受，避免伤害学生的自尊心。很多时候，积极心理学课程中的提问意在引导学生向教师倾诉情感，而以"为什么"形式进行质疑式的提问，可能会将情感拉回到理智，不利于教学目标的实现。

第二，提问要有针对性，有一定的深度。问题设计应该符合最近发展区的要求。以维果斯基的最近发展区理论（Vygotsky，1978）为基础，教师提出的问题应该不是学生立即就能回答，但经过思考讨论以后能够回答的。教师提问时要避免或尽可能地减少使用简单的封闭式问题。同时，教师提问要符合学生的接受程度与认知水平，充分考虑学生的感受。

第三，提问的内容要具体、有效。提问的内容要避免空洞说教。教师一般可以选择开放式提问，并且将问题限制在一定范围之内。请比较以下两个提问："通过这个活动，你想到了什么？""这个活动对我们与父母的沟通技巧方面有何启示？"第二个提问就比第一个提问具体。从表面上看，第二个提问给学生的感悟加上了限制，但实际上是在对他们进行引导，让这种感受分享促进教学目标的实现。提问要有效，是指教师所提的问题是学生能看到、听到或感悟到的，是能够引起他们的兴趣的。比如，在上"积极的浪漫关系"的专题课时，教师要对学生的现实困惑进行收集和整理，总结出几个有代表性的问题。这些来自学生的问题能够引起学生的共鸣，使学生更积极地参与到讨论中，这样的提问才是有效的。

第四，提问要言简意赅，语气亲切婉转。积极心理学课的引导更多是通过提问和归纳来完成的。教师的语言可以不多，但要能让人恍然大悟。要做到这一点，教师不仅要有精深的专业知识，还要有深厚的语言功底和严谨、敏锐的思维方式。提问的时候，教师要让学生感到教师对他们的信任和期待、关爱和理解。这就要求教师特别注意说话的神态、语气、表情和肢体语言。

第五，教师要尊重学生的感受。教师要通过尊重、平等、理解来营造积极的氛围，进而强化师生之间的尊重、平等和理解。在课堂教学过程中，学生的发言要以自愿为主，提问要充分考虑学生的感受，要让学生感受到平等交流的氛围。教师的提问不能有对立性，更不能咄咄逼人，不能让学生感到有压力，那样学生就会难以回答，甚至不愿意回答。

第六，教师要根据学生的情况选择不同的提问方式。有的班级学生比较活泼，班级的气氛比较活跃，很容易开展讨论，那么教师可以直接给学生提一些开放式问题，让他们能自由发言、讨论；有的班级学生比较沉闷，教师就可以先给出封闭式问题让学生选择，然后再找到学生观念上的分歧，激励他们展开讨论。

提问的技巧还有很多，许多技巧与其他学科有共通之处，此处无法完全归纳。积极心理学课程的主要目的是促进学生掌握获得幸福的方法，促进其人格完善，所以要注意提问的广泛性，给予每个学生，尤其是不善言谈的学生更多的鼓励、认可，给他们提供机会，使他们在参与中完善自我。

2. 反馈

在积极心理学课程教学中，教师给出的反馈可分为以下几种：学生分享交流后的反馈；活动之间的反馈；突发情况的反馈；教学结束的反馈等。

教师的反馈在积极心理学教学中有重要的作用。反馈就像一面镜子，可以清楚、真实地把学生的情感和想法反映出来，这为学生提供了自觉、主动修改意见、观点的机会。因而，教师的反馈要注意以下几点。

1）反馈要注意实效性。教师要及时、准确地把握学生所表达的思想情感，并将其反馈给学生。此时学生知道教师和其他同学是关注、接纳、理解自己的，使学生更好地澄清和反思自己的思想情感。

2）反馈要用询问、征求的语气。反馈是一种认可，更是一种引导。教师进行询问式反馈可以促使学生进一步去思考、分析、比较和判断相关学习内容。

3）教师要适当地自我表露。在学生交流分享的过程中，学生的有些感受与领悟可能与教师的经历有相似之处，但是学生的思考可能不够深入，此时教师可以用反馈的方式分享自己的亲身经历与感悟，这既体现了师生之间交流的真诚、平等，又可以启发学生进行深层次思考和领悟。教师运用自我表露时要做到真实，不能编造，要适当、适度，不能喧宾夺主。

4）教师要注意情感投入中的“三情”——真情、激情、煽情。积极心理学课程非常注重师生之间的心灵沟通和情感交流，强调师生之间的真情表露和共同分享，这些都集中在“三情”上。对于教师来说，特别要注意真实情感的投入，教师要有真情，而不要虚假；要有激情，而不要无情；要善于煽情，而不要无动于衷。以上这些都要体现在教师对学生的反馈之中。只有这样，课程才有感染力、吸引力，才会真正受到学生的欢迎和喜爱。

综合以上所说的提问和反馈的注意事项，在积极心理学教学中，教师要注意把握好分享和反馈的“三部曲”：①发生了什么（包括活动过程中团体成员的互动情况、怎样达到目标的、怎样完成任务的）；②发现了什么（包括学生从之前的游戏或活动中发现了什么、领悟到了什么）；③学到了什么（包括学生回想所学所感，与实际生活有无联系、是否获得帮助和启发、如何运用等）。

三、积极心理学双元互动中的教学总结

积极心理学课程结束时，通常不必如学科教学那样进行归纳与总结，但是也需要有一个结束的表达，一般可以采用以下方法。

1. 回顾与反省

师生共同回顾刚刚进行的讨论和活动，引出最有感触的部分，并提出自己的看法与建议。教师和学生共同反思刚才的活动过程中有哪些需要改进的地方。这不但可以培养学生的责任感，也可以提高学生对课程的参与感，增强学生学习的积极性。

2. 计划与展望

教师可以引导学生在课后进行规划和展望，激发学生改变和实践的积极性；也可以让学生对以后的课程内容和方法提出希望与建议，使学生在一定程度上参与课程设计，这样做有助于促进学生发现人生的意义。

3. 祝福与激励

师生之间、同学之间可以相互赠送一些自制的小卡片和小礼物，也可以是教师给学生发、学生之间互相发祝福语等相互祝福和鼓励。

以上三种方法可以巩固教学效果、留下美好回忆，同时启发学生的思考，促进学生幸福成长。

第二节　积极心理学双元互动中的教学评价

一、教学评价的思路

积极心理学作为一门专门的心理学知识普及课程，也需要进行教学评价。一般来说，教学评价需要注意以下几个方面。

第一，评价目的。作为一门课程，需要解决如何根据教学目标来评价学生实践和教师教学效果的问题。但不同之处在于，积极心理学课程除对学科知识进行教学之外，还具有非常强烈的情感价值观教育目标。因而，积极心理学课程的教学评价重点是检查课程教学是否达成教学目标、达成目标的程度如何，即课程教学活动是否改善了学生的积极感受、改善的程度如何，是否增强了学生的积极品质、增强的程度如何，是否改善了学生的关系、改善的程度如何。

第二，评价范围。对双元互动教学模式的教学评价分为两个大的方面：一是对教学活动的评价：二是对学生实践活动的评价。对教学活动的评价以教师的教学指导思想和对积极心理学课程的管理为主要评价内容，对学生活动的评价则以学生参与教学活动的态度和表现为主要评价内容。对教学活动的评价内容包括：教师的教学指导思想与设计，教学目标的达成度，教学内容的适切性，教学方法的多样性，教学组织的合理性、顺畅性和灵活性，教学准备的充分性和恰当性，教师自身的能力和素养。对学生实践活动的评价内容包括：学生对参与活动的态度，学生对教学活动的反应，学生在情感和能力方面的表现。

第三，评价原则。积极心理学课程的评价原则是指开展积极心理学课程评价时所要遵循的基本教学要求。这些要求既反映了教育评价的一般规律，也体现了积极心理学课程的基本特点。积极心理学课程是以促进学生获得幸福、养成积极人格为主要宗旨的，因此积极心理学课程的教学评价要以人为中心，既要关注教师，更要关注学生。积极心理学课程评价原则包括四个方面。①客观性。评价要客观公正、科学合理，不能主观臆断、掺杂个人情感。②过程性。积极心理学课程的终极目标是培养学生的幸福能力和积极人格。幸福能力和积极人格不是一朝一夕能够养成的，因此积极心理学的课程不能追求立竿见影的效果，而是要让学生在活动中逐渐领会，注重的是学生参与的过程，应该促使学生主动投入、积极思维，而不关注其参与的结果，不宜以成败论英雄。③发展性。评价应着重于教师评价理念的转变、教学水平的提高，以及学生精神面貌的改变、心态的转变和对课程的兴趣、参与程度等。④指导性。评价的目的在于不断提高教师的执教水平，更好地提高学生的心理健康水平，因此评价要对教师的发展起到一定的指导作用。

根据以上内容，积极心理学课程的教学评价主要通过过程性评价收集教师和学生两方面的信息，指导教学目标的制定，检查教学效果。目标的达成度主要看学生参与活动的情况，学生对实践课程的满意程度和兴趣，以及学生在活动中的情感体验、心灵沟通、观念认同、情绪调节和心态把握等情况。教师通过这些方面的评价，及时总结经验和教训，以更好地改进教学过程、提高教学质量。

二、教学评价的实施

实施积极心理学课程教学评价时，主要从以下几方面来评价课程是否成功。

第一，教学目标的达成度——清晰、具体。教学目标是课程的灵魂和核心。一节成功的积极心理学课必须有明确和清晰的目标，而且目标要适应时代需要，符合学生的年龄特点和实际情况。同时，目标要具体、有层次，切入点要有效并贯穿整节课。这样教学目标才能在课程进行过程中得以贯彻和达成。

第二，教学内容的适切度——适宜、贴切。教学内容是为教学目标服务的，因而教学内容要围绕教学目标进行选择。在选择教学内容时，要注意内容的适应性、针对性、即时性和有效性。适应性是指选材要紧扣主题，要有鲜明的时代特点，符合时代发展的要求；针对性是指选材要符合学生的年龄特点和心理特点，并能为学生所理解和把握；即时性是指选择内容时要关注学生成长和发展过程中的需求，选择学生当前迫切要了解的内容和解决的问题；有效性是指内容要贴近学生的生活，让学生有一种亲切感，有兴趣参与，这样能活跃学生的思维，提高课程的教学效果。

第三，教学方法的实效——适合、多样。教学方法应服从教学需要，并为教学内容服务。教学方法并不是越新颖越好，而是要符合学生的心理特点，并与学生的需求和喜好吻合。为了调动学生参与的热情和积极性，教师要围绕教学目标，根据教学内容组织活泼、富有趣味的活动。在活动中，教师要强调全员参与和体验学习，体现师生、生生之间的平等和谐，让学生在轻松、活跃中获得体验和有所感悟，促使学生之间出现更多的积极互助。在一节积极心理学课中，教学方法和形式要有一定的变化，教师要注意动静相宜，把握好节奏，注意方法的使用和节奏的变化。同时，教学媒体的制作和选择要恰当，能为教学内容服务。

第四，教学效果的显现——明显、即时。对一节积极心理学课进行当堂评价，重要的是看学生的关注度、参与度、进取度和表现情况。首先，要看学生的关注度，即学生是否全员关注本课程的话题讨论。其次，要看学生的参与度，即学生是否全员参与了实践活动，是否摆脱了事不关己的旁观者角色，能否带着责任感和兴趣投入活动，并成为积极的行动者。再次，要看学生的进取度，即学生在活动中参与的热情是否高、思维是否活跃、兴趣是否浓厚、气氛是否融洽、交流是否坦诚等，这些都是评价教学效果的指标。最后，教师还要看一下学生在活动中表现出来的人际交往能力、沟通能力、协调与合作能力、自主能力及科研创新能力。

第五，教学能力的体现——能力强、素质好。积极心理学课程要取得好的效果，对教师的要求很高。共情、真诚、关注是教师应具备的人格特质。教师自身的素养如何，教师的专业化水平如何，教师的教学能力如何，在一节课中都会体现出来。在评价过程中，首先要看教师的备课及教学材料的准备是否充分，教师是否了解、熟悉学生。其次要看教师的教态、语言和仪表是否恰到好处，教师是否公正、宽容、平等、有亲和力，是否受学生喜欢。最后要看在组织教学的过程中，教师的思路是否清晰、条理是否清楚，教学环节的链接是否自然流畅、教学过程的组织是否有序灵活，教师是否具有一定的机敏性和应变性，是否有较强的课堂驾驭能力。

第八章

积极心理学课程双元互动教学模式的实施

积极心理学双元互动教学模式的实施是展现教学互动的关键。本章第一节介绍积极心理学双元互动教学模式实施总体方案。第二节和第三节分别介绍在双元互动中教师和学生应该如何做。教师和学生对于自己角色和任务的清晰理解，有助于双元互动教学的展开。第四节从教师发展的角度论述研训一体的教研活动内容。积极心理学双元互动教学不仅给学生发展提供了空间，也给教师发展创造了机会。

第一节　积极心理学课程双元互动教学模式实施总体方案

双元互动教学模式理论框架完整、目标清晰、应用效果良好，在一些中国高校、教育学院和日本高校中得到了广泛的应用与推广（杨丽珠，邹晓燕，2002）。近年来，随着互联网科技的迅速发展，以互联网为物质基础，关注多向互动的教学模式被应用到更多的学科教学之中（姚梦等，2018）。但是这些多向互动教学模式缺乏统一的理论指导，逐渐出现混用现象（李晓溪，张秀春，2018）。为此，大学积极心理学课程将双元互动教学模式作为理论基础，试图规范地促进学科教学。关于双元互动教学模式在儿童心理学教学中的现场实验研究发现，学生通过实践活动增强了学习的主动性，促进了新的内容的学习，新的学习内容又为新一轮实践提供了知识基础（杨丽珠，邹晓燕，2002），这说明在双元互动教学模式下有可能发生了教学内容相互促进的效应。在积极心理学中，幸福感、价值观及以关系为主的生活满意度都是重要的教学内容，这些内容与不同的实践活动相结合是否会产生相互促进的效果，能否促成教育目标的达成，都是值得讨论的问题。例如，金盛华和田丽丽（2003）对中学生的研究表明，价值观对生活满意度有显著的预测作用。王雅荣和安静雅（2016）的研究表明，总体工作价值观对主观幸福感存在积极影响。张权福等（2018）的研究发现，在成年居民中，生活满意度会对幸福感产生显著的正向影响。基于以往有关幸福感、价值观和生活满意度的关系研究，运用双元互动教学模式进行大学积极心理学教学，学生的个人价值观会以生活满意度为部分中介促进总体幸福感水平的提高。

明确教学目标是教学改革的重要起点，其保证了教学改革的方向性。基于积极心理学的学科性质（孙晓杰，2012），大学积极心理学教学改革将目标定位于实现积极心理学学科教育与情感价值观培养双目标。本书基于双元互动教学模式设计大学积极心理学教学改革方案。双元互动教学模式改革主要分为课堂教学和实践活动两大部分。

在课堂教学方面，教师精心设计教学内容，将积极心理学教学内容分为三大模块，分别为积极的情绪、积极的特质和积极的关系。三大模块依照由简到繁、由个体到群体的顺序进行。积极的情绪模块中包含幽默、乐观、感激、自尊和幸福等主题。该模块按照由浅入深的顺序安排教学。积极的特质模块包括兴趣、健全人格和积极的价值观等主题。该模块按照由低级到高级的顺序安排教学。积极的关系模块包括积极的亲密关系、积极的友谊和积极的社会组织关系等主题。该模块按照由近及远的顺序安排教学。在课堂教学过程中，教师利用现代化的教学手段分析经典实例及最新的积极心理学科研成果，讲授基本概念和理论。学生就相关主题进行课前演讲（例如“回顾自己人生中的一个幸福瞬间”）。教师将部分主题的内容（例如“积极的友谊”）布置给学生自学，安排学生给其他同学讲授，并通过小组讨论等形式提高学生参与课堂的主动性。在特定章节（例如“积极的恋爱关系”）的教学中，教师请学生参与教学过程，让学生说出自己或他人在恋爱过程中遇到的问题，通过教学系统随机抽取问题，全班学生在教学系统上对系统抽出的问题提供解决方案，教师通过点评引出建立及维持积极的恋爱关系的方法，促进师与生、生与生之间的互动。

在实践活动方面，教师可以积极利用课内外资源，请学生录制幽默视频，培养其欣赏幽默的能力；教授学生基本的科研程序，鼓励学生申报大学生创新创业项目；鼓励学生参与心理社团活动，并积极组织宣传积极心理学知识的活动；要求学生利用学习到的知识观察和记录生活中积极的恋爱关系；运用幸福四象限法分析自己的幸福类型；参加志愿者服务；进行乐观解释风格的 ABCDE 实践。在实践过程中，教师可以随时通过线上系统对实践中的问题进行解答，并监督实施过程。学生可以在课堂上检验实践结果，实现课堂教学与实践活动的良性互动。这样的课程每周进行 1 次，每次 90 分钟，共 17 周。

第二节 双元互动过程中的教师教学

一、教师角色理念要到位

大学积极心理学双元互动教学模式如图 8-1 所示。

影响积极心理学课程教学效果的一个重要因素是教师的角色。教师在进行教学时常常会出现教育者与辅导者之间的角色冲突。教育者的角色要求教师不断地教导学生，多讲道理和规范。辅导者的角色则要求教师引导、启发学生，帮助学生解决问题。因此，在辅导活动中，教师常常会有意或无意地扮演教育者的角

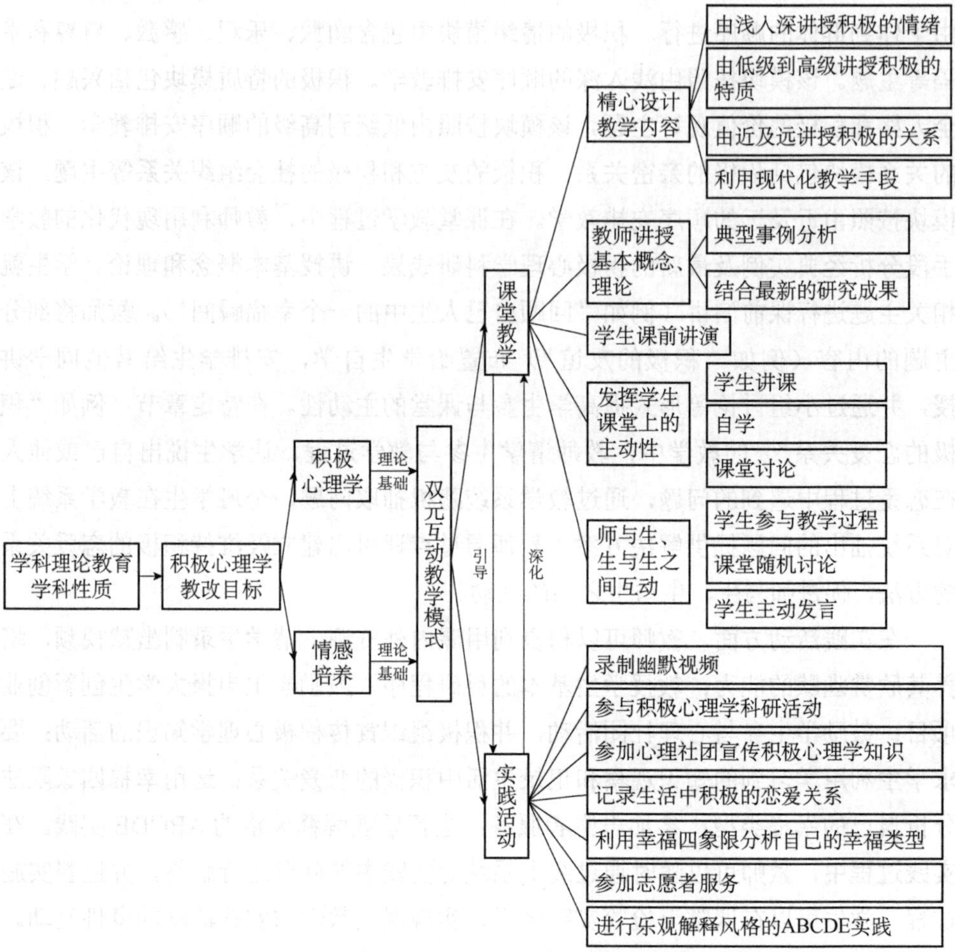

图 8-1 大学积极心理学双元互动教学模式

色，比如，总想替代学生做决定，而不是让学生去摸索，总是想凸显自己比学生地位高，而不是平等地与学生讨论问题。而在积极心理学课程中，教师的角色理念到位应该体现在思想观念、教学方法和关系三个方面。

1）思想观念到位。教师对每个学生都要有积极的信念。开展积极心理学课程的目的在于开发学生的潜能、培养学生积极的价值理念和积极的情感。教师对学生的信念是通过期望体现出来的。事实上，教师对不同学生的期望是不同的，关键在于教师要消除对低期望学生的偏见。在实践活动中，教师要多鼓励这些学生参与活动，多给他们提供表现的机会。

2）教学方法到位。教师要注重引导和启发，把注意力放在“导”上，而不是“教”上。教师要启发、引导学生自己解决问题，而不是由教师来解决问题。

3）关系到位。教师要与学生建立平等和谐的关系。在课堂教学过程中，师生之间的关系是平等的。在实践活动中，教师与学生之间更多的是朋友关系。有时教师会在讨论中说出自己的经历，这样不仅不会降低自己的威信，反而会让学生觉得教师更加可信，并能够在实践活动中营造轻松、真诚、和谐的氛围。

二、教师扮演的主要角色

（一）激励者

教师鼓励学生参与积极心理学实践活动的最终目的是让他们的心智得到发展。学生的参与度是影响辅导活动效果的一个重要因素，而学生的参与度与教师能在多大程度上激发学生的动机有关。

首先，教师要激发学生的参与动机。主题活动是与学生学习、交往、生活密切相关的，但要让主题活动成为学生关注的焦点，教师还需要设置一些有吸引力的情境，引入相关主题。

其次，教师要创设宽松的心理环境，鼓励学生自我表露。积极心理学课程就是要让学生表达自己真实的情绪情感，说出自己真实的想法，而不是掩饰、伪装自己，这样教师才能了解学生真实的内心世界，与学生进行心灵的对话。

最后，教师要调动学生的积极情绪。情绪是人的心理中最为敏感、最为活跃的成分，它对人的动机具有激发作用。在积极心理学的课堂上，教师能否调动学生的积极情绪，能否与学生产生强烈的情感共鸣，对于活跃气氛、提高学生的参与质量至关重要。要做到这一点，教师要在积极的教学过程中先有饱满的情绪。

（二）组织者

积极心理学课程的教学活动尤其是实践活动要求人人参与。若要让每个学生都在班级同学的面前展示自己，时间显然不够，不过可以让学生在小组中展示。

组成小组的第一步是确定小组成员。班级里的小组基本上是异质组，应该尽可能地采用自愿结合的形式。自愿结合的小组成员的入组动机水平较高，参与程度也较高。在必要的情况下，教师可以将不同性格、不同学业水平的学生组成异质小组，发挥异质小组的互补性，保证小组活动顺利进行。第二步是培训组长和组员。教师要向学生讲解怎样做才是称职的组长和组员，组长和组员之间要相互帮助。组长虽然是小组中的领导人物，但对其不能要求过高，只要认真负责、与同学关系融洽、有一定的活动组织能力的学生就可以担任。学生当组长本身也是一个学习的过程，所以组员可以轮流担任组长，不过要得到大多数小组成员的拥护。

（三）指导者

积极心理学的最终目标是让学生学会积极心理学知识，使情感和行为发生变化。有时教师组织一次实践活动，仅仅是让学生有所触动和领悟，在课后，学生还要对体验、感悟到的东西进行生活实践。此时，教师可以借助现代互联网技术，对学生在实践中出现的问题及时给予指导。

三、改进教师教学行为的建议

总结多年的心理学科普教育的经验和教训，要提高以科普为基点的积极心理学教学的实效性，教师必须注意“三勿”“六重”。

1.“三勿”

1）内容的选择，宁精勿滥。教师要根据活动专题、教学目标选择相应的内容，内容要为目标服务。内容不是越多越好，教师要精心选择能体现目标、符合学生实际的内容，必要时要“忍痛割爱”。

2）活动设计，宁实勿空。教师设计哪些活动、如何组织活动，要围绕活动目标进行。活动既不是越热闹越好，也不是越多越好，关键在于要有一定的内涵，能引起学生的思考。活动的安排要遵从多样性、新颖性，这样才能引起学生的注意，提高学生的参与度。活动过程中教师要注意学生的活动面要大，不能只让比较活跃的学生独领风骚，而冷落了那些腼腆、害羞的学生。

3）形式的采用，宁活勿死。有了明确的教学目标、选择了适宜的内容之后，教师还要在具体实施过程中考虑形式的灵活多变，只有这样才能激发学生的热情。例如，教师引导学生讨论和思考问题时应注意形式的灵活性，如果从头至尾只是让学生进行小组讨论、大组交流，学生就会产生厌烦情绪，也就不会对讨论积极投入，这样会大大影响教学效果。

2.“六重”

1）重感受，不重认知。以科普为基点的积极心理学教学过程，是在教师的引导下，学生的认知结构、情感体验、行为方式得以调整、重组和同化的过程，这是一个主动的过程，而不是单纯依靠外力实现塑造、教育的过程。辅导的过程不是说教、训导、灌输，而是心灵的碰撞、人际的交流、情感的体验。教师要让学生在体验感受的过程中审视自己的内心，反思自我，从而获得成长。

2）重引导，不重教导。引导，就是教师不对学生进行强制性的说理和武断的要求，而是要注意分寸，善于抓住时机，及时提出一些有内涵的问题，引发学生思考。积极心理学教学不是教师直接告诉学生应该怎么样或不应该怎么样，而是要力求做到“随风潜入夜，润物细无声”（杜甫《春夜喜雨》）。正如有学者说的，要顺其所思，予其所需，同其所感，因其所动，投其所好，扬其所长，助其所为，促其所成（单冬旺，2003）。

3）重口头交流，不重书面活动。积极心理学课堂活动和实践活动中有口头交流也有书面活动，更重要的是口头交流。在实践活动中，教师要把重点放在学生与学生的交互作用上。通过交流，学生可以得到他人的理解和支持；可以宣泄情绪，也可以重塑自我形象；可以学会与同伴交往，形成积极的关系；可以倾听并吸取他人的意见和获得他人的帮助。当然，有时根据活动内容的需要，教师可以组织书面形式的活动，但要注意不要用得太多。学生书面活动过多、时间过长，会影响整个团体活动的氛围。

4）重真话，不重有无错话。积极心理学课堂要给每个学生都创设一种轻松、和谐、安全的氛围。教师要让学生在这种环境中感受到团体对自己的接纳和信任，能够自由自在地表达自己，不必有太多的防卫和隐藏。教师要努力培育学生讲真话、讲实话的风气，师生之间、生生之间相互真情袒露，真诚相待，这样有利于学生的改变和成长。学生在讲真话时难免会讲出一些糊涂话或错话，此时，教师要给予学生诚心诚意的宽容和谅解，以促进学生积极人格的发展。

5）重目标，不重教学手段。现代化教学手段可以为实践活动增添生机和色彩，但具体手段的选择必须服务于辅导目标，千万不可本末倒置，不能为了追求形式而偏离目标。

6）重应变，不重原定设计。在积极心理学实践活动中，教师面对的是充满活力和动感的学生个体以及交互影响的班级群体。在活动过程中，学生的心态和情感千变万化，各种奇思妙想会在瞬间奔涌而出，学生妙语连珠，才华横溢，整个课堂会变得很活跃，充满智慧的挑战，充满青春的活力。如果学生非常兴奋和活跃，感到有许多话想说、要说，此时教师不能刻板地死守原定活动设计，而是要灵活把握活动的发展趋势，根据实际需要随机应变、及时引导。尤其是对于大多数学生关注的问题，更要及时抓住问题，充分展开讨论，甚至宁可舍弃原有的活动设计，也要让学生有充分的时间来讨论共性问题。

第三节 双元互动过程中的大学生学习

一、大学生学习概述

（一）学习及其类型

学习是个体在特定情境下由于练习或反复体验而产生的行为或行为潜能比较持久的变化（Bower，Hilgard，1981）。就其性质而言，学习首先是由经验引起的。学习产生于个体的某种经验活动过程，这种经验活动过程可以是个体接收刺激、亲自参与某件事情或练习，也可以是观察其他活动，或者阅读或听讲等。其次，学习导致行为或行为潜能的变化。由学习导致的变化有时能够立即反映在行为上，有时则需要经过很长时间才能反映在行为上。后者被看作行为潜能的变化，如个体的思维、情感、态度或价值观的变化。再次，行为的变化并不等同于学习的存在。机体的行为变化不仅可以由学习引起，也可以由本能、疲劳、适应和成熟等引起。由学习导致的行为变化是比较持久的，这种变化会使行为水平提高；而疲劳、创伤、药物、适应所引起的行为变化比较短暂，并使得行为水平降低；成熟虽然也能带来行为上的变化，但成熟带来的行为变化要比学习带来的行为变化慢得多。成熟往往与学习相互作用，进而引起行为的变化。最后，学习所带来的变化往往通过行为表现出来，但学习与表现并不能等同。个体的表现要视个体的具体情况来决定。另外，学习是一个广义的概念。学习不仅指有组织地对知识、技能、策略等的学习，也包括对态度、行为准则等的学习，既包括学校的学习，也包括从出生即开始并一直持续终生的日常生活中的学习。随着时代的发展、文明的进步，有关学习的新名词如雨后春笋般层出不穷，终身学习、远程学习、真实性学习等概念逐渐被研究者和教学一线的教师所接受（陈琦，刘儒德，2019）。

学习这种现象极为复杂，学习理论家从不同角度对学习进行了分类。例如，加涅（1971）经过对前期研究结果的修正，提出学习按照其水平可以分为连锁学习、辨别学习、具体概念学习、定义概念学习、规则的学习和解决问题的学习。加涅认为，按照学习结果，人类学习可以分为语言信息的学习、智力技能的学习、认知策略的学习、态度的学习以及动作技能的学习。奥苏泊尔（Ausubel）按照学习性质，将学习分为两个维度：一个维度是有意义学习-机械学习；另一个维度是接受学习-发现式学习。两个维度互不依赖，而是相互独立（转引自陈琦，刘儒德，2019）。另外，按照意识水平，学习可以分为内隐学习和外显学习。随着对学习的认识的不断加深，人们发现学习并不局限于特定时间和特定地点的正式学习，也可以是学习者在自主的非正式的学习时间和场合，通过非教学性质的社会交往而进行的非正式学习。

（二）中国大学生学习特点

大学是人才成长的关键时期，在这个阶段，大学生由求学期向创造期过渡。由于思维方式的独立性和批判性迅速形成（林崇德，1995），大学生的学习特点也随之改变。

1. 专业学习目标明确

高等教育之前的教育是全面性和不定向性的基础知识教育，而高等教育有目的地对学生进行系统的专业理论知识传授和专业技能训练，包括基础课、专业基础课、专业课、选修课、课程实验和实践课程等，在范围上比以往要广阔得多。大学生的知识结构系统、智能结构系统、心理品质结构系统和文化素质系统等都具有专业的属性，大学的教学过程是围绕具体的专业而开展的教学活动，大学生则是围绕着既定的专业进行学习的。

2. 学习自主性强，知识更新速度快，学习内容多而广

经过十多年的学习生活，大学生积累了大量的知识和经验，具备自我识别、自我探寻新知识的基础。大学生学习的自由度更大，更加注重兴趣和爱好，这就需要更强的学习主动性和自我组织性才能在多课程、大信息、深理论的大学学习中学到有用的知识和技能。在学习过程中，大学生只有学会独立学习，才能学得深刻、扎实，才能不断获得新知识，避免知识老化。大学课程内容既来源于课本，又综合了国际先进技术和前沿知识。大学生已经改变了中学时代对教师的依从，从被动学习向主动学习转变。多数大学生有自己的课外学习计划和学习方法，对于感兴趣的内容也会表现出较强的自觉性和自控性。

3. 学习方法多种多样

大学生获取知识的渠道更加多样化，包括课堂知识的密集学习、丰富图书资源的自主获取、先进仪器的技能实操等，这也使得学习的方法更加多样化，包括课堂讨论、自主阅读、论文写作、听学术讲座、科研项目研讨、教学实习、生产

实习及社会实践等多种多样的途径。学习途径和方法的多样化决定了大学生只有充分掌握这些方法和途径，灵活运用，才能获取相应的技能，从而为以后的生涯发展奠定基础。

4. 中国大学生的认知特点

中国大学生的认知特点来源于其所处的文化。从19世纪开始，文化的定义倾向于指向物质、知识和精神的生活方式的总和（韦森，2003）。不同国家之间的文化有着巨大差异。中国社会崇尚集体主义价值观念，倾向与他人合作解决问题（陈坚等，2021）。中国文化还涉及儒家传统、社会结构中的强烈等级观或面子问题等（Ho，Crookall，1995；Cortazzi，Jin，1996）。布里克（Brick，1991）认为，中国学生对教师的顺从态度是由于儒家的传统伦理观把师生关系看作社会最根本的五伦关系之一。邦德（Bond，1996）指出，在中国香港地区的一些家庭，家长要求儿童尊重长辈，其中就包括尊重教师。教师的智慧与知识不应受到质疑，一些学者指出，面子观念对中国学生的学习行为存在影响（Chang，Holt，1994；Tsui，1996；王丹等，2013）。一些学生认为，在课堂上表述个人的观点和判断是浪费其他学生的时间、自我中心、自私的表现（Chang，Holt，1994）。有研究者指出，中国文化中关于面子的独特观点，会导致课堂上学生出现被动、顺从的学习行为，其结果是学生不敢自主发言、质疑和评论，由于害怕出错丢脸而不愿意积极参与课堂活动（Tsui，1996）。鲍建生等（2003）认为，虽然中国学生的数学成绩比西方学生好，但是创造性思维不一定优秀，灌输式的教育方法在一定程度上遏制了学生的创造力和批判精神。

受前述文化传统的影响，中国学生的认知风格呈现为以机械记忆为主。中华传统文化中，对重复记忆存在着另一种理解，即认为反复记忆是进行深刻理解的一种途径，如“读书百遍，其义自见”（李昉《太平御览》）；“学而不思则罔，思而不学则殆”（孔子《论语》）。重复记忆从不是学习的终止，而是获得深刻理解的方式。学生在早期储存下来的诗词成为日后获取智慧和洞察力的源泉。他们在日后的生活中不断地对知识进行反刍，最终转化为自身的人生经验和智慧。儒家对重复记忆的这种理解得到了一些研究证据的支持。达林和沃特金斯（Dahlin，Watkins，2000）对中国学生和德国学生关于重复记忆的看法进行了比较，结果发现，中国学生倾向于认为重复记忆能够使学习者对知识获得深刻的印象和发现新的意义。这些研究结果对强调记忆与表层学习等同的观点提出了挑战。有研究者提醒我们，在某些场合（如考前复习），对已经理解的知识再重复记忆能够获取更好的成绩（Ho et al.，1999）。此时的重复记忆可以被看作一种深入学习的策略。对机械记忆的依赖性仅仅是西方学者对中国学生偏见中的一个方面。亦有学者认为中国课堂中存在着学生被动、教师主导的特征（Flowerdew，Miller，1995；张磊，2011），这是另外一种重要偏见。而柯特茨和金（Cortazzi，Jin，1996）则认为，中国学生不是被动的而是慎思的。他们更注重在深思熟虑之后提出问题，因为缺乏思考而提出问题可能会引起他人的嘲笑。他们还提出，中国师生之间的关系并不是简单的冷漠和专制。例如，中国学生在课外与教师有着较多的互动。中国学生在课堂发现问题，希望教师能够在课外提供帮助予以解决。美国教师则理所当然地认为学生在课堂上遇到问题会当堂提出，寻求帮助。弗劳尔迪（Flowerdew，1998）考察了中国香港地区学生在合作学习中的表现后指出，学生在合作中展示出了对高级认知策略的使用，这有助于学生深入学习和理解。在合作学习中，学习过程不仅是信息的传递，更包括批判分析和质疑。学生意识到存在看待事物的不同角度，在批判地思考后形成自己的判断，并对信息进行权衡、组织和澄清，以更有效地与同学交流和讨论。

当然，机械记忆并不是中国大学生全部的认知风格。有研究者指出，与美国学生相比，中国学生在认知风格上更倾向于整合风格和综合风格（程宏宇，Ardrade，2011）。整合风格和综合风格意味着在处理认知和信息时，中国学生比美国学生更具有灵活性。卡列尼娜（Kholodnaya，2002）等也指出，个体在认知风格选择和调整上具有灵活性，体现了自我监控能力的差异。在学习过程中，中国学生更注重对知识结构和整体的把握，更强调建立知识的连接，倾向于对信息进行深入和批判性的处理。

5. 中国大学生的“安静”学习行为

安静是传统课堂的一大显著特点。在这类课堂中，学生习惯于教师在课堂上长篇大论，而自己则坐着安安静静地听。学生的课堂参与仅限于记笔记和偶尔回答教师的提问，很少主动地向教师提出问题或阐述自己的观点。在教师提出问题时，学生更多的是沉默。龚放和吕林海（2012）对比了中美研究型大学学生的学习行为，结果发现，中国大学生的课堂参与和创新、同伴合作和互动水平均低于美国大学生。总的来说，中国学生在课堂上倾向于被动地聆听教师的讲授，很少主动地参与课堂上的教学活动。

东西方学生对师生关系的理解和依赖程度存在较大不同，导致中国学生的安静学习行为。在东方国家，师生关系相对强调教师的权威地位。教师的这种权威可以直观地在课堂上得到体现。当教师站在讲台上准备上课时，学生需要全体起立，以示自己对教师的尊敬。学生在课堂上发言必须起立。当学生有与老师不一样的想法或观点时，常常不会提出疑问或者反驳，更多的是保留疑问或者有意无意地认同教师的观点，从而放弃自己的想法。相应地，教师在学生面前也需要注意自己的形象，言行举止都需要做到为人师表。而在西方国家的课堂中，学生可以坦然地提出疑问或者质疑。

另外，有研究发现，中国学生倾向于整合风格，报告被动的学习行为特征，在课堂上的行为反应相对较少，表现得相对“消极”或“安静”（程宏宇，Ardrade，2011）。

（三）双元互动视野下大学生积极心理学的学习特征

双元互动教学模式的核心是将课堂教学与实践活动有机结合，因此在双元互动的视野下，大学生对积极心理学的学习呈现出以下特征。

1. 秉持促进心理和谐的学习目标

随着社会的快速发展，我们对心理健康的重视度越来越高。对于大学生而言，他们刚刚经历了初等教育和中等教育的高强度学习，对于身心和谐的要求愈加突出，因此很多大学生在专业学习以外非常希望能有促进心理和谐的课程供其选择。林崇德（2012）认为，我国心理健康教育的指导思想即为促进心理和谐。在相当长的时期内，心理学的研究都是以病理学为研究取向，很少研究人的积极特征。对于大学生而言，他们的总体心理健康状况是好的，以病理学为基础的心理健康教育并不能达到大学生的学习目标，这就必然呼唤积极心理学课程。从内涵上说，心理和谐是积极心理学的核心。从外延上说，心理和谐包含了积极心理学的多个方面。因此，大学生选择学习积极心理学，能够达到促进自身心理和谐的学习目标。

2. 积极主动地吸收知识

积极心理学的教学内容满足了当代大学生希望促进心理和谐的基本需要。这为他们积极主动地吸收积极心理学知识奠定了良好的基础。在课程设计过程中，每个教学主题的教学目标都非常明确，这可以帮助大学生对自己的学习结果进行直观的判断。课程难度设置根据无心理学基础的学生进行设计，降低了学生学习的门槛。教学中遵循发展性、主体性、全体性、相容性等原则，增强了学生在学习过程中的参与感。另外，在课堂上，学生通常有两类学习目标：一类是掌握目标，另一类是成绩目标。掌握目标是以掌握多少知识作为评价的主要标准，拥有掌握目标的学生不在意得分及与班上其他学生的差距。拥有成绩目标的学生则将注意力集中于他们的行为表现及别人对他们的评价。在目前的积极心理学教学中，除一小部分课程是心理学专业学生学习的专业课之外，其余为通识教育类模块下的课程。这种教学规划本身就使学生认识到，积极心理学是提高人的基本素养的课程。一些学校不将通识教育课程的成绩计入评功评奖的范畴，因此选择学习该课程的学生更倾向于采用掌握目标来参与课程。教学实践也表明，非心理学专业的大学生学习积极心理学课程时更加积极、主动。

3. 采用以互动为特征的学习方法

双元互动教学模式的核心要义在于促进师生、生师、生生三向互动。在双元互动教学模式下，大学生会大量使用互动方法进行积极心理学课程的学习。在课堂教学中，学生通过回答教师的提问与教师进行沟通。教师通过学生的回答对学生进行具体引导。同样，在课堂中学生进行主题发言，教师对学生的发言进行总结和引导。在实践活动中，学生之间进行协作，共同完成积极心理学的内容学习。总之，在双元互动教学模式下，大学生对于积极心理学的学习通常选用互动的方式进行。

二、双元互动模式下的大学生课堂学习

在双元互动教学模式下，学生既会进行独自一人完成的学习，也会进行与教师和同学互动的学习。参考匹兹堡大学学习研究与发展中心开发的课程教学质量评价表（Boston，2012），结合大学生的具体情况，笔者认为大学生在双元互动教学模式下会表现出如下学习行为。

1）听讲。此时学生处于一种静默的状态，没有言语行为，会认真倾听、思考教师的讲解，这是课堂教学中常见的行为。在积极心理学的双元互动教学中，学生听讲的学习状态占有相当大的比例。在实际的课堂教学中，大学生不必像小学生一样坐得笔直且保持不动，只要学生对教师讲的内容呈现出倾听的状态，注视讲授内容，面部表情会随着教学内容的变化而变化，就可以认为学生在与教师进行互动。

2）全体回答问题。教师未特别指定回答者，班级所有的学生回答教师的提问，也可以是几个人或多数人共同回答教师的提问。这种学习通常出现在教师提

出一些普遍性的问题之后。比如，教师会在关于幸福主题的教学中首先提问学生："你们幸福吗？"此时会有大部分学生回答。此时的回答不一定有统一的答案，但能促进师生和学生之间的相互了解，也能帮助教师了解如何根据学生的观点开展下一步的教学工作。

3）个别回答问题。教师指定某个学生回答问题，其余的学生无言语行为，只是倾听和思考教师与被指定学生之间的对话。这种学习通常出现在教师提出一些特定的问题之后。比如，教师会在关于兴趣的主题中提问学生："你的兴趣是什么？"学生的回答五花八门。虽然此时教师只是与个别学生进行互动，但是学习行为的发出者还包括没有回答问题的学生。教师要同时关注未回答问题的学生对于答案的态度的变化，理解学生的反应。这是一种隐性的互动。

4）提问。学生向教师或者其他同学提出疑问、困惑，以寻求帮助或表达质疑。提问是师生互动的典型形式。在双元互动课堂中，教师提倡学生随时随地提出疑问或质疑。学生能提出问题，说明其正在对课堂内容进行深入思考，教师要尽可能地及时帮助学生解答疑难问题。

5）小组交流。由两名或者两名以上学生组成学习小组，进行合作交流，共同解决问题。小组交流是生生互动的主要形式，通过这种交流，学生可以相互了解，协作完成任务。小组交流过程中会出现团队协作常见的问题，如没有人发言或者大家都想发言等情况。此时教师应引导学生在讨论中设置好自己的角色，如主持人、记录人、发言人等。在设置好角色之后，学生各司其职，这样可以更好地完成学习。

6）思考。无言语行为对应于教师的提问，这一般发生于教师提出问题而学生回答之前，是一个较为特殊的互动阶段。积极心理学认为，思考其实也是教育的一种形式。大学生的逻辑思维能力已经发展到辩证逻辑思维阶段，他们能对一个问题进行多维度、跨时空的思考。因此，教师在提出问题后不必给出答案，可以留一段时间让学生进行充分的思考。

7）自主学习。此时的课堂活动为非公共活动，学生以个人的形式完成教师指派的学习任务。这种特殊形式的互动学习通常发生在教师布置的课堂任务中，例如，在积极心理学教学中，教师会布置一些小的测验让学生独立完成。这些测验通常在表面上是让学生了解自己的心理状态，实际上是帮助学生理解积极心理学的理论知识。在此过程中，教师要对学生的测验答案进行科学化解释，帮助学生更好地学习相关理论。

8）上台讲演。学生以讲演者的身份在讲台上表达自己的观点，阐明思路，或者通过黑板、课件、电脑等媒介阐明自己的观点。在双元互动教学过程中，教师经常请学生就其熟悉的主题上台进行讲演。对于积极心理学的很多内容，学生在现实生活中可能已经有所了解，因此在实际的教学中，学生对这些内容比较容易接受。这种学习行为不仅能够促进学生与学生、学生与教师之间的交流，同时也可以锻炼学生的语言表达能力。

9）记笔记。按照教师的要求，或者出于自发，学生会将某些重点内容记录到笔记本中。在积极心理学的教学中，教师鼓励学生记笔记。目前，电子设备的发展水平较高，大学生在拥有这些设备上有一定的自主性，学生可以通过手机、平板电脑等多种设备记笔记。

10）阅读。在教师的要求下，学生对教科书进行阅读、学习。同时，在积极心理学的教学中，教师会提供参考书目。在大学阶段，教师一般会推荐学生阅读教科书上所列科研成果的原文。学生通常比较喜欢用自我阅读的方式进行学习，这一方面满足了他们的求知欲，另一方面也拓宽了他们的知识面。

11）操作。操作就是学生动手，进行具有操作性的学习活动。积极心理学的内容属于日常生活中比较抽象的部分，比如，课上学生会讨论幸福、感恩、天赋等。要理解这些抽象内容，学生会在教师的带领下进行一些操作性的学习活动。例如，在感恩的课程最后，学生会将自己要感恩的人及要对其说的话写在一张正方形的纸上，然后按照教师给的步骤折成千纸鹤，送给要感恩的人。

12）观察。学生观看教师的直观演示。在积极心理学课程的教学中，教师需要用科学实验的结果引导学生理解相关理论，因此教师会播放相关的实验视频。通过直观的观察，学生加深了理解。例如，在积极的亲密关系部分，教师会讲到依恋、播放恒河猴实验的相关视频，帮助学生理解依恋不是靠物质，而是靠情感形成的。

当然，以上仅呈现了促进积极心理学学习的课堂行为，在实际的教学中，学生也会出现趴桌、玩手机、逃课等不利于学习的行为，这就需要教师进行有效地管理。

三、双元互动教学模式下的大学生实践学习

在双元互动教学模式下，大学生学习积极心理学有多种实践活动。从形式上看，这些活动包括团体活动、志愿者服务、微视频拍摄、价值澄清和科学研究等。随着现代网络科技的发展，积极心理学双元互动教学模式下的大学生实践学

习，都要通过网络平台与教师和同学进行互动。参照程悦和孙崴（2019）的研究成果，结合教学实际，笔者认为在积极心理学实践学习过程中，大学生会出现以下互动学习行为。

1）信息查阅。信息查阅包括学生上网进行的搜索、查阅、访问、观看、收藏等行为。信息查阅学习在一定程度上代表了学生学习积极心理学的行为意向。在实际教学工作中，学生会根据教师讲授的主题搜索相关知识，查阅文献，访问、收藏知识拓展网站等。例如，在"幽默"一章的学习中，学生会自主上网查询一些幽默视频，看到好的视频会主动收藏，以便与同学分享。

2）信息加工。信息加工包括学生的转载、加工、归类、整理、判断、记录、标记等行为。信息加工是学生知识建构的开始。在进行积极心理学学习时，学生会将自己学习的知识的链接转载到朋友圈中，会将自己对知识的感悟整理到微博、微信、QQ、小红书等社交媒体中。除此之外，学生也会利用各类网络平台做云端笔记等。

3）协作交互。协作交互包括讨论、寻求帮助、参与、回复、作答、发布等行为。协作交互行为是学生在信息加工过程中，对于发现的问题或很难内化的问题，以及在学习过程中遇到的资源、技术、操作等方面的问题，与教师进行协作交互。这也是网络高度发达的时代背景下，双元互动教学模式中互动的重要方面。在实际的教学过程中，积极心理学有一些晦涩难懂的实验报告，学生可以通过雨课堂、微信群等线上平台随时向教师寻求帮助。各类教学辅助软件中也都有分组讨论、发布话题等互动功能，在积极心理学课程的学习过程中，学生会比较自主地运用这些功能与教师和同学进行互动，增强学习效果。

4）问题解决。问题解决包括提问、检索、处理、测试、自我监控等行为。问题解决是在交互行为发生后针对发现的问题提供一些学习支助服务，这也是双元互动教学中教师与学生沟通的主要方面，同时问题解决也是学生自我探索和提高的重要方式。例如，在实际的教学中，一些学生通过测试发现自己的乐观程度处于比较低的水平，于是尝试利用教师在课堂所讲的方式练习，不断进行自我监控，提高自己的乐观水平。

5）信息评价。信息评价包括反思、互评、自评等行为。信息评价是一种增强自我效能感的学习行为。在实际的积极心理学教学中，教师采用线上自愿分组的形式请学生回答问题，利用学习平台的互评功能请学生相互评价。这种评价学习行为能很好地帮助学生进行自我管理，使学生树立信心。

第四节　研训一体的教研活动

一门好的课程需要团队合作来完成教学。这也是积极心理学双元互动教学模式实施的必备条件。积极心理学课程团队通常由2～3名教师组成。这一团队形式有利于教师在教学过程中相互学习，也有利于教师对教学内容进行探讨。教师团队是一个合作的整体，有分工也有合作。教师团队的建设不仅可以促进教学，而且有利于促进教师个人的成长。

一、一人多课，多人一课

在高等学校中，一些教师承担着多门学科的教学任务，这就是所谓的一人多课。同时，为了保证教学计划的顺利进行，多人一课也是高等学校经常采用的一种教学方式，这是积极心理学教学团队建设的前提。也就是说，可以实行多人一课制度，几名教师共同承担积极心理学课程的教学。多人一课并不是每个人都承担相同的教学工作量，如果有不同专业、班级需要开设积极心理学课程，教师可以分工进行，如社会学专业和英语专业都需要开设积极心理学课程，教师就可以按专业进行分工。虽然都是通识教育类课程，但是由于专业不同，社会学专业的学生对积极心理学的学习需要更加专业的指导，与积极关系相关的理论需要学习得更加深入。英语专业的学生可能更加注重积极的感受，所以这一部分可能是重点内容。根据专业需要的不同，教师可以调整不同专业的教学内容及重难点。如果由一位教师专门负责课堂教学，那么其他教师可以做一些辅助工作，如修改PPT、组织实践活动、修改试题库等。这种分工合作解决了以往一名教师承担许多教学任务的问题，保证了积极心理学课程的全方位发展。

二、以老带新，互相探讨

在教师团队建设中，老教师起带头人、领路人的作用。这里所讲的老教师就是长期从事积极心理学相关教学的教师，他们有着丰富的积极心理学教学经验，这些知识和经验可以帮助年轻教师顺利走上教学岗位，少走很多弯路。老带新的最直接方法就是新教师给老教师做助教，系统地听一轮老教师的课，同时帮助老教师辅导学生，做实践活动的领导者。在这个过程中，新教师不仅可以了解整个积极心理学课程教学内容的重难点，还可以学习老教师的教学程序和方法，使自己的教学更加灵活、生动。在以老带新的过程中，除了新教师向老教师学习外，新、老教师还可以共同讨论，互相切磋积极心理学教学内容、重难点及教学方法。在这个过程中，新老教师的业务水平都可以迅速得到提高。

三、深入实践，结合实际

积极心理学是一门理论学科，研究的是人类幸福生活的规律。同时，它也是一门实践性非常强的应用科学，因为它的目标就是教会学生获得幸福的方法，掌握获得幸福的技能。这就要求承担课程的教师在掌握理论知识的同时，能够把握积极心理学涉及的实际问题。教师需要深入社会实践，结合实际，才能真正做到这一点。

深入社会实践，即教师深入社会有关部门，了解社会需要，帮助社会解决实际问题。对积极心理学有迫切需要的社会部门非常广泛，如工厂、学校、妇联、社区、医院、电视台、网络平台等。通过与这些部门联系，教师不但可以了解目前人们存在的心理问题，而且可以宣传积极心理学知识，将其应用到实际中，促进积极心理学教育事业的发展，同时也可以为积极心理学教学奠定一定的基础。

四、以研促教，相辅相成

科研与教学的关系是相辅相成、互相促进的。特别是对于高等学校的教师来说，科研直接影响其教学。科研的内容、成果不但可以直接充实教学内容，而且可以使教师跟上学科或某个领域的发展。课堂内容的前沿性和启发性也可以起到激发学生兴趣的作用，使得积极心理学课程的教学效果更好。同时，教师对科研内容的引入可以间接促进对学生的科研能力的发展。

从事积极心理学教学的教师可以申请校、市、省及国家级科研课题，也可以与其他国家的专家进行国际合作研究，这种科研题目具有较大的理论和实践意义。能够申请到上述课题，也说明教师具备一定的科研能力，能够给学生以科研能力方面的指导。另外，教师可以结合社会实践做一些小型的科研项目，也可以帮助企事业单位以及教育行政部门做一些有实际意义的科研课题。任何层次的研究都会对教师的教学产生促进作用，教师在教学和研究的过程中会对积极心理学这一学科有更全面、深刻的认识。

科研可以促进教学，教学也可以对教师的科研产生一定的反作用。教师在教学和深入社会实际的过程中，会不断产生思想的火花，启发进一步进行科学研究的思路，进而确定科研课题。

第九章

双元互动教学模式下积极感受教学课例与评析

依照教学内容的性质，积极感受部分的教学内容安排总体上依照由浅及深的顺序进行。幽默是积极感受部分最容易理解、与学生生活最为接近的内容，所以将幽默作为开篇。在学习幽默的基础上，我们希望学生将快乐的情绪较长时间地延续下去，在更多的事物上体会到快乐，因此将乐观放到第二位。在学习乐观的基础上，我们希望学生在对外和对内两个方面都有积极的感受。因此，在对外方面，选择感恩进行介绍；在对内方面，选择自尊进行介绍。幸福是积极心理学课程的核心内容，也是这门课程的核心目标，是所有积极感受中综合性最强、难度最大的一个主题。因此，在介绍其他积极感受之后，将其放在最后进行讲解。

第一节 幽 默

一、教学目标

积极心理学的学科性质要求教师从学科知识及情感价值观两方面培养学生。

知识目标：学生了解幽默的概念、幽默心理的内涵；正确理解幽默的功效，掌握成为幽默风趣的人的六种方法。

情感目标：学生产生积极情绪，以多视角看待问题，从而形成积极平和的心态。

二、教学重难点

教学重点：培养学生幽默感的六种方法。

教学难点：幽默生理理论中的唤醒启动-唤醒恢复理论、心理逆转理论；幽默动机理论中的优势理论和错误归因理论。

三、课程设计

（一）课堂讲授

课堂讲授采用案例法引入新课，具体的案例可以是课前学生上交的幽默图片、文字或视频资料。教师通过介绍真实的幽默场景，引入要讲授的主题。

新课中，教师主要介绍三个方面的内容。①幽默及其相关理论。在积极心理学中，幽默被界定为一种高峰体验和心流，可以帮助个体在特定情境下感受到自己的潜能（Martin et al.，2003）。在幽默理论的介绍中，主要涉及幽默的生理理论、动机理论和认知理论。②幽默的功效。这一部分主要介绍幽默的心理功效和社会功效。③形成幽默感的六种方法：勤于记录幽默现象，观察幽默的人，两问处理法，允许自己低人一等，寻求平衡，全力以赴。

（二）实践活动

1. 活动一：知情识趣

活动目的：记录生活中有趣的人、事、物，理解这些人、事、物的心理功效和社会功效。

活动材料：纸笔、手机、电脑等。

活动过程：请学生在日常生活中寻找有趣的照片、短视频、动图，通过各种手段对周围发生的事情、书中某个有意思的片段加以记录。

活动要求：①学生记录的内容应该基本上符合社会公序良俗，并且在法律允许的范畴之内；②记录的内容应首先使记录者感到心情愉悦；③记录者能够说明该内容所包含的心理功效或社会功效。

2. 活动二：创造快乐

活动目的：通过制作幽默视频帮助学生深刻理解幽默形成的理论，并使学生能够运用幽默理论成为一个幽默风趣的人。

活动材料：手机、便携式摄像机、视频剪辑软件、三脚架、电池、插排及其他各式道具。

活动过程：①学生深入理解各种幽默理论，选择其中一种作为理论支撑；②在此理论的指导下选取拍摄主题；③撰写脚本，并在脚本中明确规定视频共设几个场景以及每个场景所需的道具，如果脚本涉及人物，则应该清楚地说明每个人物的台词、动作和神态；④拍摄过程中应按照脚本的规定逐个完成，拍摄过程中要注意对灯光、背景等问题的处理；⑤采用视频剪辑软件对前期拍摄的素材进行整理，最终形成幽默视频。

活动要求：视频制作是一个非常复杂的过程，因此要求学生有很好的团队协作精神。在团队协作过程中，每组的组长应该按照组员的认知风格、学习风格及以往的经验分配制作任务，以提高团队协作的效率。

（三）双元互动

双元互动体现在线上和线下两种互动渠道上。线上的互动主要体现为，在学生制作视频或者收集幽默材料的过程中，教师通过超星学习通、雨课堂等软件对学生的活动进度进行监督。同时，教师也可以对学生在实践过程中遇到的现实问题及时予以解答。

线下的活动主要在课堂中完成，这一过程类似于翻转课堂。在活动一中，请学生将日常收集到的有趣事件以课堂演讲的方式分享给本班同学，其他学生来分析其中所达到的心理功效和社会功效。教师进行总结和评述，同时对课堂的“笑”果和分析的准确性进行过程性评价。

在活动二中，请学生在课堂上播放精心制作的短视频。首先，请在座的学生分析短视频所应用的幽默理论。随后，请短视频制作的组长分析自己的创作思路。接着，所有学生都可以对教师发问，教师也可就短视频的各个层面进行提问，请组长回答。最后，教师进行总结和评述。教师同样对课堂的“笑”果、全组的制作情况及分析的合理性进行过程性评价。

课程总结：“本节课我们首先介绍了幽默的概念。本节课的难点在于理解让人产生幽默感的各种理论。我们通过制作各类幽默视频来理解这些理论。本章的重点在于培养幽默感，通过知情识趣活动来学习和练习培养幽默的六种方法。”

四、教学反思

（一）学生反馈

学生觉得每天收集有趣的事情挺有意思的，以前时不时也会遇到，但是很快就忘记了，现在因为要在课堂上分享，会有意识地记忆这些片段，这些片段带来的快乐也就增加了。其实，课堂上的分享对大家来说是一种考验，学生要考虑用什么样的语音、语调表达才能引起同学的共鸣。学生觉得拍摄幽默视频很难，从选题到写脚本再到拍摄都很难，也觉得很辛苦，甚至觉得把幽默视频解构之后就没有那么好笑了。但是，教师上课讲的理论给了他们一些信心。合作拍摄的过程中会发生一些搞笑的事情，这个过程又成为他们获得幽默的源泉。学生还表示一起分享想法的过程很有启发。他们自己在做的时候只从一个角度理解，但是其他学生从生活经验出发，给出了不同的解释，让其很受启发。

（二）教师反思

教师认为课堂教学难点在于解释幽默形成的各种理论，重点在于掌握形成幽默感的六种方法。在攻克难点的过程中，教师主要选择讲授法开展教学。讲授过程中，教师应注意深入浅出，并增加相关视频作为例证帮助学生理解。本部分的教学重点主要采用双元互动的形式完成。教师通过让学生进行幽默故事课前演讲以及拍摄幽默短视频，促使学生之间进行深入的互动。学生在分析幽默故事的功效以及所应用的理论时，会对教师的观点提出疑问或者反驳，这促进了师生之间的互动，同时这种互动加深了学生对形成幽默感的实践的理解。

在双元互动过程中，时间的把控是第一个难点。一方面，学生展示的时间不易把控；另一方面，学生讨论的时间不易把控。讨论一开始会冷场，有人发言后会渐入佳境，但是往往想说话的人太多从而很难控制。这时候，教师通常采用集合信号的方式来婉转地停止讨论。第二个难点在于方向的把控。因为幽默的产生有时候需要在一定程度上突破原有的道德规范，因此在学生报告前，教师一定要对报告内容进行把关和引导。在处理这一问题时，可以通过线上教学辅助设备审核学生的选题，并提出修改意见，辅助学生进行调整。

第二节　乐　　观

一、教学目标

知识目标：学生认识悲观的产生原因，了解并掌握乐观人生精彩的原因。掌握活出乐观自我的方法与途径。

情感目标：学生形成乐观的心态，在看到生活的起伏波折后仍笑对人生。

二、教学重难点

教学重点：帮助学生理解乐观的概念，引导学生活出乐观的自我。

教学难点：帮助学生理解乐观作为解释风格在时间、空间和自尊上的意蕴。

三、课程设计

（一）课堂讲授

课堂讲授采用发问法引入新课。教师可以通过热情洋溢的语言向学生提问："你乐观吗？你觉得自己可以变得乐观吗？"由此引起学生的学习兴趣，进而导入新课学习。

课堂讲授可以围绕两个方面展开。一方面，讲清楚乐观的概念。本部分可以讲解悲观者与乐观者的区别、悲观者的无助感来源于何处、信念对于乐观的重要作用等内容，从以上内容中得出乐观可以是一种解释风格的结论。乐观者可以将周围的好事解释为影响较大、持续时间较长、与自己特别相关的事情。另一方面要讲清楚如何活出乐观的自己。在这部分，教师首先要解释清楚哪些情况下应该乐观（如想成功、想健康、想当领导），哪些情况下不应该乐观。教师可以用艾利斯的理性情绪理论（ABC 理论）帮助学生修正不合理信念。最后，教师要告诉学生乐观要有弹性，不能一成不变。

（二）实践活动

1. 活动一：基本还原法

活动目的：引导学生学会辨别实际看到的事实和臆想的事实之间的区别，练习通过事实真相看待问题。使学生学会在把握事实的基础上决定处理事情的方式，帮助学生改变消极、糟糕的信念，建立新的积极信念。

活动材料：活动卡（每人一张）、人物照片数张（可以是班级中任何人的生活照，或明星、广告人物等的照片）。

活动关键词：事实、臆想、积极信念。

活动过程：

（1）福尔摩斯

人们对于将要发生的事情有各种不同的看法，这就是为什么人们会有许多不同的臆想。但是人们一般会承认事实，也就是被证明发生过的事情。如果你做决定的时候，相信了那些凭借臆想推测出来的信息，会有什么后果呢？

①教师让学生观看照片，并请一位同学描述，另一位同学记录描述。②学生分析刚才的描述中哪些是事实、哪些是臆想。

（2）阅读故事“疑邻偷斧”

智子家里的斧子不见了，他想一定是被邻居偷了。于是他仔细观察，发现邻居的表现不正常，从神态到一举一动，怎么看邻居都像是偷斧子的人。后来，他在自己家里找到了斧子，再看邻居时，怎么看邻居都不像是偷斧子的人了。

学生回答问题：①这个情境中的事实是什么？②这个情境中的臆想是什么？③事实和臆想之间的区别是什么？④事实和臆想会给你带来什么结果？

（3）分辨练习

因为有线索提示，我们要分辨事实和臆想并不困难。但只有注意听，才能从臆想中分辨出事实。请把下面的陈述句改写成事实陈述。

1）我爸爸（或妈妈、奶奶等）不喜欢我，即使我用尽全力，都不能使他（她）满意。

2）我的老师很聪明，又很有名气。她经常批评我以显示自己的优越。这让我感觉到自己很傻，也许我真的很傻……

3）我小时候和姥姥住在一起。我的周围都是老人，他们从来不和年轻人来往，所以姥姥根本不理解我。

课程总结："也许你也可以运用这样的方法，仔细分辨一下哪些是臆想出的所谓事实，哪些是真实存在的事实。请你寻找类似的例子，并把它改成陈述现实的表达方式。相信这个时候你所做的决定，要恰当得多。"

2. 活动二：乐观的 ABCDE

活动目的：改变学生对事实的解释方式，形成乐观的思维模式。

活动材料：每人一张 A4 纸，红、黑签字笔各一支。

活动关键词：事实、乐观、解释方式。

活动过程：①将所有成员分为几个小组，5 人 1 组，围坐成一圈，每个人用黑色笔写自己在近期遇到的一个困扰事件，该事件标记为 A；②将写好的事件 A 传递给右手边的第一位同学，同学在 A 后面回答"如果遇到 A 事件，你的想法是什么"，该想法标记为 B；③将写好的想法 B 传递给右手边的第一位同学；该同学在 B 后面回答"如果想到 B 你会做出什么反应"，该反应标记为 C；④将写好的反应 C 传递给右手边第一位同学，该同学在 C 后面写出"如果遇到 A 事件有 B 想法、C 反应，你想做出什么反驳或争辩"，此反驳和争辩标记为 D；⑤将写好的 D 传递给右手边第一位同学，该同学在 D 后面写出"如果遇到事件 A，有 B 想法、C 反应，你做出了反驳 D，接下来你会怎么做"，该做法标记为 E；⑥将写好的 E 传递给右手边的第一位同学，此时每一位学生都拿到了自己的事件 A 由 4 位不同同学给出的 B、C、D、E。请学生再仔细对比其他同学的 B 和 C，以及自己遇到 A 事件时的 B 和 C，进行分析，说明觉得其他同学给出的辩论 D 是有道理还是没有道理，理由是什么；对于其他同学给出的做法 E 是否赞同；如果再给一次机会，自己会怎么做（此部分用红笔书写）。

3. 活动三：乐观有妙招

活动目的：通过活动，让学生了解常用的自我调节方式，并评价这些方式是否恰当。让学生明白，每个人让自己快乐和乐观的方式是不同的，相互借鉴能够发现自己的思维误区和盲点。

活动材料：活动卡（按照人数每人一张）、妙招卡（按照人数每人一张）。

活动关键词：乐观方法。

活动过程如下。

（1）阅读故事“对的窗户”

一个女孩趴在窗台上，看窗外的人正在埋葬一只可爱的小狗，不禁泪流满面，悲痛不已。她的祖父见状，连忙引她到另一个窗口，让她欣赏他的玫瑰花园。果然，小女孩的愁云为之一扫，心情顿时明朗。老人托起外孙女的下巴说：“孩子，你开错了窗户。”

细细想来，我们在人生之旅中不也是常常会“开错窗”吗？

（2）自我反思练习

练习 A：

请你回想最近自己生活中记忆最深刻的积极事件，如学习成就、交易成功、家中喜事等。当你清晰地回忆这件事情的具体细节后，尽最大努力诚实地回答问题：

详细描述此事件，包括事件前后的感受、想法、行为，或者此事件涉及的他人的感受、想法和行为。

是哪些可能的原因导致了此事件的发生？

在这些原因中，哪些在你的掌控之中？

你认为哪些因素是你无法控制的？

你认为以上每个外部因素对此事件的发生有多大程度的影响？

在你找出的这些外部因素中，是否存在你本来可以控制的因素？如果有，该如何控制？

在那些你未能控制的因素中，你为什么认为自己不需要控制它们？

你认为此事件以后会再次发生吗？

在影响此积极事件的因素中，你认为哪些会一直存在，日后能为你所用？哪些只会在这次出现？

在影响此积极事件的因素中，你认为哪些会在日后其他情境中继续有用？哪些只会在与本次情境非常相似的情境中发挥作用？

如果遇到类似情况，你会采取什么不同的做法？

练习 B：

回想你最近生活中的一件记忆最深刻的消极事件，如考试失败、家中灾祸等。回答以下问题：

请你详细地陈述整个事件，谈谈事前、事后的想法、感受和行为。这些感受和行为可以是自己的，也可以是他人的。

发生这件事情的原因是什么？

在这些原因中，哪些在你的掌控之外？

你认为这些掌控不了的因素在多大程度上影响了整个事件？

你认为哪些因素是自己造成的？

你做出了哪些决策和行动来阻止此事件？

你认为哪些决策和行动特别有效？

你觉得犯了哪些错误？

为避免此事件发生，你本来可以怎样预防？

总体来说，在所有影响因素中，哪些你可以更好地控制？如控制得好？结局如何？

你认为此事件以后会再次发生吗？

在影响此消极事件的因素中，你认为哪些会一直存在？哪些只是在这次出现？

在影响此消极事件的因素中，你认为哪些会在日后其他情境中继续对你产生消极影响？哪些只会在与本次情境非常相似的情境中出现？

如遇类似情况，你会采取什么不同的做法？

（3）妙招大收集

具体步骤如下：①学生在“自我反思练习”环节对相关情境的妙招进行收集；②将乐观妙招记录下来，根据观念改变、生理调节、暗示进行分类；③采用权衡利弊的方法对各种妙招的效果进行讨论。

（4）总结

教师根据学生收集的妙招进行积极的反馈，同时给学生以下建议。①方法 1：早上起床，照一下镜子，然后讲一些鼓励自己的话。②方法 2：回忆过去 7 天，看看自己有哪些优点，然后给自己一点小奖励。③方法 3：找一个合适的对象，把苦水倒一倒，倾诉一下。④方法 4：与那个让你不高兴的人讲清楚你的感受，讲出来比憋着要舒服多了！⑤方法 5：每日创作一个笑话，同别人分享。⑥方法 6：生理控制，如每日做半小时有氧运动，身体好，精神好，人可能自然就乐观了。⑦方法 7：冥想。第一步，找一个舒服的角落，以五官感受四周的一切，记住其中一种最深刻的感觉。第二步，每晚睡觉前反复练习，重温这种深刻的感受，慢慢幻想，幻想 4 周，直至你仿佛置身于舒服的角落的感受出现。反复练习，反复练习……第三步，多做以上练习，渐渐地，个体就可以控制自己的心情。在最紧张的时候，个体需要回想那种深刻的感受，这能令自己较快地恢复冷静，变得放松、快乐。

4. 活动四：希望书信

活动目的：学生运用希望理论，将希望转化为目标，提高乐观的程度。

活动材料：信封、信纸、照片、图片、纸、笔。以上材料也可以是电子版的。

活动关键词：书信、目标、希望、乐观。

活动过程：

1）引导学生在未来的一段时间内设计自己的目标。请学生根据表 9-1 列出的内容设立目标。在设立目标的过程中，学生应完成以下问题：①为实现这一目标，我需要遵循的途径是____；②我____会/不会找到实现目标的动力；③我在实现自己的目标时可能面临的挑战是____；④我可以通过____方式解决这些潜在挑战。例如，可以根据学生最合理的选择来调整目标设定的时间范围。新生可能会考虑其四年大学生涯的目标，也可以设计为一个学期内需要完成的目标。这样可以在课程结束时获得学生的反馈。

表 9-1 生活领域

领域名称	
家/家庭	宗教/灵性
工作	身体健康
学校	公共参与
社会关系	体育
浪漫关系	绘画/艺术
爱好	其他

资料来源：Froh J J，Parks A C. 2013. Activities for Teaching Positive Psychology：A Guide for Instructors. Washingtong: American Psychological Association

2）完成表 9-1 后，教师指导学生设置自己的目标、实现途径以及完成目标的动力。这些部分都应该以可视化的形式展现，例如，一个学生的目标是考取师范类院校的研究生，那么他的目标可以通过一张录取通知书的照片来表达。接下来，学生可以用照片来展示达成这些目标的策略，如图书馆学习的照片、锻炼讲课仪态的照片、进行科学研究的照片等。最后，学生还要展示出给他提供精神动力的人或物的照片（如导师、家人等）。要求学生对这些照片加以说明，以便其他人理解照片表达的含义。

3）将这些关于目标的表述编辑成一封信，并标注发送的日期和邮寄地址。教师可以在指定日期将如下所示的信发送给学生。

亲爱的积极心理学学生：

请随函附上您在________（年）的____（学期）内完成的希望项目。

在审查项目时，请务必反思您的目标追求，并考虑所有因素，这些因素既包括促进因素，也包括阻碍因素。

如果您成功地实现了自己的目标或继续朝着自己的目标前进，请花一点时间庆祝这一成功，并考虑在未来一年内制定新的目标。

如果您在目标追求上没有取得进展，请花点时间考虑一下造成这种情况的原因。这些原因可能包括难以克服的障碍，缺乏动力，无法产生替代途径或有意识地做出决定改变目标追求。

无论出于什么原因，如果您实现自己的目标的计划都行不通，请不要自暴自弃！

相反，现在您可以更好地了解手头的任务。请您找一个替代方案。

在朝着自己的目标努力的过程中，一定要喜欢这个过程并对自己好一点。特别是如果发现自己失去动力，要以积极的态度与自己交谈，并提醒自己过去成功实现的目标。

如果您愿意，希望您给我们的工作提出意见和建议。来信请发至电子邮件________。

真诚的____________________

（三）双元互动

双元互动所包含的内容如下。

1）微课设计。本部分将需要记忆和理解的知识（“乐观的人生为什么精彩”）设计成微课。微课主要分为4个部分进行讲授。①讲授乐观可以为事业成功奠定基础。教师将塞利格曼在保险业做的现场实验以简易动画的形式展现出来，通过数据对比和旁白，解释乐观可以为事业助力。②讲授乐观造就赛场冠军。例如，运用女排获胜的视频片段解释女排精神，要从女排精神中看到危机是暂时的，我们有战胜对方的信心，这也是女排精神中乐观内涵的表现。③讲授乐观的人身体不易生病。运用简单易懂的动画视频讲授科学实验，证明在乐观的情况下人的T淋巴细胞数量会增加，从而增强机体免疫力，减少疾病带来的困扰。④讲授乐观的领袖得民心。用数据图表加说明的方式证明有悲观的解释风格的总统候选人容易落选，而乐观的候选人容易获胜。

2）请学生在线上教学平台观看以上4段教学视频并回答问题。教师对学生观看视频的时间、跳转时间、答题的正确率等方面进行监控。教师根据监控结果督促学生及时进行学习，并对学生提出的问题进行详细解答。对于学生提出的不适宜在线上教学平台解决的问题，采用课堂答疑的方式进行解答。

3）回到课堂，教师讲授乐观的概念以及如何活出乐观的自己。在乐观的概念中运用习得性无助实验，激发学生对乐观进行反思，接下来通过习得性无助的人类实验详细解释乐观可以是一种解释风格。最后，简要介绍乐观的限制因素，以及如何变得乐观。

4）在课堂上进行实践活动，鼓励学生在活动中相互交流，教师在此过程中把控时间，并解决个别问题。

课程总结："本节课我们学习了乐观的概念、尝试变得乐观的方法。在学习过程中，我们将乐观变成一种解释风格，在时间、空间、人这三个维度上重新进行剖析。同时，采用基本还原法活动重新解释了我们的生活，以练习这种解释风格。接着我们又进行了'乐观的ABCDE'、'乐观有妙招'和'希望书信'等活动，练习如何变成一个乐观的人，攻克本章的难点。"

四、教学反思

（一）学生反馈

学生反馈："'乐观的ABCDE'活动挺有意思的。通过同组同学之间的相互传递，真的可以收获不同的观点。我们也知道了遇到同样的事情，应该如何努力。一些同学觉得希望活动中的目标设置有些困难，但是他们觉得寻找材料的过程还是很有意思的。同学们对于基本事实还原这一活动还存在疑惑。其实事件本身就是有多重解释的，到底何为事实？值得思考。"

（二）教师反思

教师认为这一主题的内容按照布鲁姆的教学目标分类采用了不同的教学方法。针对记忆和理解的知识（乐观的人生为什么精彩），本课采用了微视频的方式，同时运用翻转课堂的方法，减轻了教师的教学负担，学生有更大的学习自由。对于需要分析的内容（乐观的解释风格），本课采用小的课堂翻转形式，向学生介绍实验过程，请学生分析。通过学习，学生的确对乐观与悲观的含义有了新的看法。课堂实践活动中的“还原基本法”活动让学生迷惑，但这恰好是组织这一活动的初衷。教师在分享引导中注意引导学生从多角度出发分析事物，正是改变学生对乐观固有观念的开始。在“乐观有妙招”活动中，教师的总结可以不限于以上列出的几种类型，可以充分激发学生的智慧，总结出更多让人变得乐观的妙招。

第三节　感　恩

一、教学目标

知识目标：学生理解感恩的深刻含义，了解有些人不会感恩的原因。掌握感恩的操作步骤，真正学会感恩。

情感目标：学生具有感恩的心，宽容对待周围的人、事、物。

二、教学重难点

教学重点：帮助学生理解感恩可以是一种资源，这种资源可以自我增值。

教学难点：引导学生尽可能地理解日常生活中的挫折及社交媒体的不利因素对我们感恩的影响。帮助学生重新审视日常生活，树立感恩之心。

三、课程设计

（一）课堂讲授

教师通过案例法引入课程。在开始这一主题之前，教师详细介绍 18 世纪有关修女寿命的经典研究，说明积极思考、心怀感恩的人在身体和寿命方面与其他人的差异，从研究的角度引导学生关注感恩的好处，进而进入课程主题。

感恩部分的课堂讲授主要分为三个部分。第一部分讲授感恩的概念。通过解释感恩在英文中的含义，引申出感恩在积极心理学领域中可被理解为一种让身边的好人好事增值的方式。第二部分讲解有的人为什么不会感恩。这部分主要从人们对日常生活的习以为常和媒体的不利影响进行讲解。第三部分讲解如何养成感恩的习惯。这部分主要从如何创造好消息、如何进行艺术熏陶、如何审视平凡的一天、如何开始说“谢谢”等进行讲授。

（二）实践活动

1. 活动一：《感恩的心》手语操

活动目的：让学生在音乐和手语操中体会感恩。

活动材料：《感恩的心》音乐、歌词；《感恩的心》手语视频；视频剪辑软件。

活动过程：①让学生在课下学习《感恩的心》手语操。②将全班学生分为12组（《感恩的心》一段歌词共12句），每组自愿领唱一句歌词。组员各自负责歌词的手语表达，各组组员分别录制一句《感恩的心》手语操上传至指定平台。③班长负责将所有学生的手语操剪辑为一首完整的歌曲。

《感恩的心》

词：陈乐融

曲：陈志远

我来自偶然
像一颗尘土
有谁看出我的脆弱
我来自何方
我情归何处
谁在下一刻呼唤我
天地虽宽
这条路却难走
我看遍这人间坎坷辛苦
我还有多少爱
我还有多少泪
要苍天知道我不认输
感恩的心感谢有你
伴我一生
让我有勇气做我自己

感恩的心感谢命运
花开花落
我一样会珍惜

2. 活动二：感恩人间

活动目的：让学生用感恩的态度去对待重要他人。

活动材料：感恩人间练习纸（表 9-2）、笔。

表 9-2　感恩人间

人物	我欣赏的优点	我要感谢你（你们），因为……
父亲		
母亲		
同学（朋友）		
老师		
其他（重要他人）		

完成了上面的内容，你有什么感受？
你决定用哪些方式来表达？

活动过程：学生依次填写生活中的重要他人（如父亲、母亲、同学、朋友、老师等）的重要优点，以及感谢他们的原因。

3. 活动三：感恩困难

活动目的：让学生理性地分析困难对自己的影响，学会用接纳和感恩的态度去面对困难。

活动材料：纸笔。

活动过程：①请学生回忆一个令自己不太愉快的负性事件（例如，被人拒绝，学习成绩令人失望）并进行简要描述（可以不透露隐私信息）。②学生评价这个事件在脑海中的清晰程度，请学生在−3 ～ 3 任意选择一个数字，−3 为“依然历历在目”，3 为“已经忘却”。③请学生评价这个事件对自己的影响如何，1 为“非常负面的影响”，2 为“很强的负面影响”，3 为“中等的负面影响”，4 为“轻微的负面影响”，5 为“根本没有影响”，6 为“有一点积极影响”，7 为“中等的正面影响”，8 为“很强的正面影响”，9 为“非常强的正面影响”。④请学生再次回想这个负性事件，再次用一小段时间在大脑中经历一遍这件事情。第一次写下这个负性事件的时候，可能会觉得它对自己没有任何积极影响，但是有时候坏事发生了，也可能有积极的影响，这些积极影响便是我们应该感恩的东西。请学生尝试找出这个负性事件的积极影响。例如，这件事情使学生哪方面有了成长？学生的个人品质是否有提高？等等。在写的过程中，学生没有必要特别在意用词或者语法，只要竭尽所能表达即可。⑤请学生再次评价这个事件在脑海中的清晰程度，请学生在−3～3 任意选择一个数字，−3 为“依然历历在目”，3 为“已经忘却”。⑥请学生再次评价这个事件对个体的影响如何，评价等级同过程③。

4. *活动四：每天都是恩赐*

活动目的：通过提供阅读材料向学生传达感恩生活的态度。

活动材料：“每天都是恩赐”练习纸。

每天都是恩赐

曾经有一个女孩这样说过：妈妈去世后我才知道做家务是多么辛苦。妈妈在世的日子里，我不曾洗过一件衣服。

当你发现人生无常的时候，你是否为自己拥有的一切而心怀感激？

我们所爱的人，有爱我们的人，有父母的爱，兄弟姐妹、朋友、恋人或丈夫/妻子、儿女的爱，是多么难能可贵！

我们有健康的身体，可以做自己喜欢的事，吃自己喜欢的东西，是多么幸福！

我们有睡觉的地方，有一个可以歇息的怀抱；每天早上醒来可以呼吸新鲜的空气；可以看到蔚蓝的天空、朝霞、晚霞和月光，这一切原来不是应得的！

我们有一颗乐观的心灵，有自己喜欢的性格和外表，有自己的梦想，可以听自己喜欢的歌。这一切都是恩赐！

当我们拥有时，我们总是埋怨自己没有什么；当我们失去时，我们却忘却了自己曾经拥有什么。

我们害怕岁月的流逝，却不知道活着是多么美好。我们认为生存已经没有意思，却不知道许多人正在生死之间挣扎。

什么时候，我们才会对自己拥有的一切心存感激？

活动过程：全班学生按照座位的区域自然分为 3 组，每组轮流读一句。

5. *活动五：志愿者之旅*

活动目的：通过参加各类志愿者活动让学生学会感恩。

活动过程：①学生寻找志愿者活动信息，并结合自己的时间进行报名；②参与志愿者活动，并用照片或影像记录精彩瞬间；③学生写出感想，只要抒发真情实感即可，无须长篇大论。

（三）双元互动

在课堂讲授方面，教师需要讲清楚为什么有的人不会感恩。这不仅仅是一个道德问题，也有很多其他影响因素。这些因素会帮我们更加客观地看待周围世界，同时也能使我们更加珍视感恩。教师应在课堂讲授的过程中引领实践活动，通过逐一讲解获得感恩的方法，将实践活动穿插在课堂之中，形成课堂与实践的双元互动。

具体操作是将课上与课下的实践结合起来。教师讲到如何创造好消息时进行活动三“感恩困难”，帮助学生理解为什么有的人不会感恩。这一活动能够让学生从其他角度审视平凡的生活或我们认为困难的生活。教师讲到如何审视平凡的一天时，进行活动四“每天都是恩赐”。当教师讲到如何开始说“谢谢”时，进行活动二“感恩人间”，最后播放活动一中制作好的《感恩的心》手语操视频。

课程总结：“本节课我们从修女的研究引入，介绍了感恩的积极心理学概念，接着介绍了我们常常不会感恩的原因，最后讲解了如何培养感恩的习惯。课程中，请着重理解感恩是一种资源，这种资源可以在不断利用的过程中增值。在日常生活中，要尝试练习实践活动中的技巧，培养感恩的能力。”

四、教学反思

（一）学生反馈

学生反馈：“培养感恩的心是道德课里面也会讲到的内容，但是通过本节课的练习，尤其是‘感恩人间’活动，我发现身边的人有很多优点，我想要感谢他们的原因居然有那么多。我给他们写了很多感谢的话，今天就发给他们。”

（二）教师反思

感恩课的教学内容会有一部分与“思想道德与法治”课的内容重合，如何规避两门课之间的重叠，是设计中需要解决的一个非常重要的问题。从心理学的角度出发，我们更重视感受与表达。在道德领域，教师更加注重价值判断。因此，在课程设计的过程中，教师更注重挖掘学生已有的感恩感受，而不太注重是非对错的道理。在活动二中，教师能看到学生认真投入的状态。在活动三中，教师能看到学生眉头舒展和自我接纳的状态。当全班分组朗读《感恩人间》的时候，能看到有的学生眼含泪光。总体来说，这堂课取得了比较好的教学效果。

第四节 自 尊

一、教学目标

知识目标：学生了解自尊的内涵、测量方法、发展特点、影响因素，正确理解自尊的三种类型。掌握以自尊为主题进行科学研究的基本方法，掌握增强独立型自尊的方法。

态度目标：学生崇尚无条件型自尊，努力追求无条件型自尊的动力增强。

二、教学重难点

教学重点：帮助学生理解、区分不同类型的自尊，了解其自尊类型。

教学难点：通过介绍自尊相关研究，使学生掌握科研的基本流程，能够初步开展科研实践。

三、课程设计

（一）课堂讲授

课程以开门见山的方法引入主题。教师在课堂上尝试模仿赵本山的小品片段，引出有关自尊的话题。

课堂讲授主要从以下六个方面展开：①介绍什么是自尊；②介绍如何测量自尊；③介绍自尊在年龄、性别和稳定性等方面的特点；④介绍家庭、学校、社会和身体形象等因素对自尊的影响；⑤介绍自尊类型（依赖型自尊、独立型自尊、超越型自尊）；⑥讲授提高自尊水平的策略。

（二）实践活动

1. 活动一：自尊调查——科研实践

活动目的：了解身边人各类自尊的情况，学习实践科研操作的基本流程。

活动过程：按照科学研究的流程，首先确定题目，接下来确定研究方案，按照方案到指定地点对特定人群进行研究，收集研究资料，分析研究结果并撰写报告。

2. 活动二：区分自尊

活动目标：区分三种不同类型的自尊，激发学生对独立型自尊和无条件型自尊的向往。

活动过程：播放《心灵捕手》《肖申克的救赎》《一轮明月》片段，通过让学生自主选择自己喜爱的主人公，将所有学生分为三个大组。在三个大组内自由组合，4 人 1 组，写出主人公所属的自尊类型，并对其优缺点进行评判。最后小组发言。

（三）双元互动

活动一中，学生进行初步选题提交，教师在线上平台对选题进行初步评估、筛选。对于合适的题目，建议组成研究小组，小组分工进行文献查阅，分析整理，形成初步方案。在此过程中，学生可以随时与教师、组长及其他学生进行交流。方案初步形成后，每组在课堂上汇报自己的研究设想方案，并对由各小组组长组成的评审团的提问进行解答，答辩通过的小组可以实施研究方案，获得奖励分数。该方案如果在学期结束前获得创新创业等项目立项，学生除获得作业分数外，还可以免除一项本小组不想完成的作业。

评审团的评分标准主要由以下几个部分组成：题目的方向性（20 分）、文献掌握程度（20 分）、程序的完整性（20 分）、研究的创新性（20 分）、研究的可操作性（20 分）。

活动二中，小组组长需要指定记录者、组内发言顺序和小组发言人。记录者负责记录每个人的观点并进行适当总结。教师规定小组内的讨论时间为 20 分钟，小组代表发言时间为 5 分钟。教师在每组总结结束后充分说明每种自尊的内涵以及其优缺点。教师帮助学生理解其所属的自尊类型，并为提出改善自尊类型的策略作铺垫。

课程总结：“本节课我们学习了自尊的概念、类型、发展特点、影响因素，通过知识的学习，还初步掌握了进行科学研究的基本步骤和方法。通过活动一，我们练习了基本的科研操作。通过活动二，我们了解了自己的自尊所属的类型，并知道如何向高等级的自尊努力。”

四、教学反思

（一）学生反馈

学生反馈：“进行研究设计真的非常困难。我们感觉好像提前进入了毕业设计阶段，在设计和实践过程中有非常多的困难。还好有团队成员的互相帮助，以及老师 24 小时的答疑，任务才能得以顺利完成。”

（二）教师反思

教师认为本章主题是学生比较熟悉的，难点在于通过讲解自尊的各个方面，介绍如何进行选题以及研究设计的整个流程。科学研究思维是创新型社会中人必备的技能，但要在很短的时间内顺利完成，则需要做到语言精简，布置活动具有操作性，应该将讲授重点放在科研思维建立以及科研伦理层面。本章实践活动中对于题目的筛选需要非常慎重。因为学生处于本科阶段，几乎都来自非心理学专业，所以题目应以简单易行为主。在科研方案设计的过程中，教师要把握可操作性，避免题目过大、操作过难。在操作方案的过程中，教师要提供必要的资金及科研材料方面的支持。

第五节　幸　福

一、教学目标

知识目标：学生能够正确理解幸福的定义，了解幸福的好处和影响因素，掌握获得幸福的理念与方法。

态度目标：学生形成掌握幸福、享受幸福生活的掌控感。

二、教学重难点

教学重点：帮助学生理解幸福的内涵，以及金钱、教育等因素对幸福的影响。

教学难点：帮助学生宽容过去的生活不悦，努力体会现有生活中的愉悦与满足，从而提高幸福感。

三、课程设计

（一）课堂讲授

本节课采用开门见山的方式引入新课。教师借用央视访谈节目“你幸福吗”并辅以有关幸福的漫画引入主题。

本部分主要从四个方面进行讲授。第一，介绍幸福的定义，首先澄清有关幸福的迷惑，此处可以利用大量图片和真实案例进行说明；其次介绍泰勒·本-沙哈尔（Tal Ben-Shahar）幸福四象限理论；最后引出积极心理学对幸福的操作性定义为幸福是快乐和意义的总和。第二，从幸福可以让我们更聪明、更健康、更成功的角度介绍幸福的好处。第三，介绍影响幸福的因素，包括幸福的范围、生活环境以及其他可控的因素。第四，介绍如何获得幸福，主要从宽容过去和把握现在两个角度进行介绍。

（二）实践活动

1. 活动一：幸福照片

活动目的：通过活动帮助学生获取一些在他们生活中有意义或者正向积极的事物，以提高其幸福感。

活动材料：单反相机或者智能手机。

活动过程：学生在生活中拍摄一张能够体现自己幸福感的照片，并在照片上写下对幸福的感悟。

活动要求：照片应该具有较高的清晰度。

2. 活动二：区分享乐与幸福

活动目的：区分享乐主义和幸福，理解幸福的不同类型，激发学生对于幸福的追求。

活动材料：“个人表达活动问卷”（表 9-3）（Waterman，2011）。

表 9-3　个人表达活动问卷

如果你有机会从事以下职业或娱乐活动，请在下面 1（强烈反对）～7（强烈赞同）的标尺上表达你的观点：

序号	题目	强烈反对						强烈赞同
1（E）	这项活动可以让我最大程度上地感受到我在活着	1	2	3	4	5	6	7
2（H）	当进行这项活动时，我会比做其他事情感到满意	1	2	3	4	5	6	7
3（H）	这个活动会让我获得极大的享受	1	2	3	4	5	6	7
4（E）	做这件事时，我觉得会比做其他事情的时候更投入	1	2	3	4	5	6	7
5（H）	做这件事时，我感觉非常好	1	2	3	4	5	6	7
6（E）	做这件事时，我能强烈地感受到我是谁	1	2	3	4	5	6	7
7（E）	做这件事时，我会感觉到我想要做这件事	1	2	3	4	5	6	7
8（H）	这件事会给我极大的快乐	1	2	3	4	5	6	7
9（H）	做这件事时，我感觉身体内充满了暖流	1	2	3	4	5	6	7
10（E）	做这件事时，我会感觉比做其他事情时更充实	1	2	3	4	5	6	7

续表

序号	题目	强烈反对						强烈赞同
11（H）	做这件事时，我会比做其他事时更快乐	1	2	3	4	5	6	7
12（E）	做这件事时，我会感觉很适合做这件事	1	2	3	4	5	6	7

注：享乐主义（hedonic）得分为H项的得分加和，幸福感（eudemonic）得分为E项的得分加和。36分及以上的分数是高分，13～35分属于中等，12分以下属于低分，需要寻找专业的心理帮助

活动过程：①询问学生在3～5年后想要从事什么职业，接下来让学生做“个人表达活动问卷”，将以H开头的评分加和，形成职业方面享乐主义的得分，再将以E开头的评分加和，形成职业方面的幸福感得分；②询问学生最喜欢的休闲娱乐活动是什么，接下来再让学生做一遍“个人表达活动问卷”，参照步骤①再次计算H和E的得分。要求学生在课前将问卷填写好。

3. 活动三：幸福是获取还是给予？

活动目的：让学生反思自己的支出选择是否会导致幸福水平的差异。例如，给自己花钱和给他人花钱相比，是否会引起一个人幸福感的差异？

活动材料：“给自己花钱回忆问卷”、“给他人花钱回忆问卷”、笔。

活动过程：①按照全班人数，打印半数的“给自己花钱回忆问卷”和半数的“给他人花钱回忆问卷”，随机发给全班学生；②学生花5分钟时间，回想下最近一次给自己花钱的经历/最近一次给自己最喜欢的人花钱的经历（大约150元），尽可能生动地在纸上描述一下这件事情，写下这件事情带给自己的感受（1～9级计分，1代表“非常不高兴”，9代表“非常高兴”），以及产生这些感受的原因。

4. 活动四：寻找幸福的好处

活动目的：了解幸福的好处。

活动材料：智能手机、电脑、书籍、图片等。

活动过程：所有学生寻找幸福的好处，用文字明确表达，并把该好处通过物化的形式表现出来。

（三）双元互动

首先，教师在课堂上通过自己的亲身经历讲授有关幸福的积极心理学定义，通过活动二来区分享乐主义和真正的幸福感。然后，教师对学生找到的幸福的好处进行分类（活动四），详细讲解幸福的好处。接着，教师讲解幸福的影响因素，进行活动三，让学生了解钱在幸福中的作用。最后，课堂上观看学生交上来

的关于幸福的照片，教师逐步讲解获得幸福的方法。

课程总结：“本节课我们学习了幸福的内涵、好处、影响因素以及获得幸福的基本方法。学习中我们采用大量的理论以及实践活动来攻克什么是幸福这一重点，通过实验和数据分析了幸福的影响因素，通过完成‘个人表达活动问卷’以及参加幸福是获取还是给予的活动培养了幸福感。”

四、教学反思

（一）学生反馈

学生反馈：“这节课的任务看起来都挺简单的。我们先找了照片，在找照片的时候确实体会到了幸福的感觉。虽然事情过去有一段时间了，但我们在写感悟、看到照片的过程中都能体会到幸福的感觉。在寻找幸福的好处时，大家认为确实有点为难，因为幸福是好的这件事情是我们的共识，但幸福具体会带来什么好处，用具体的事情来说明，的确费了些脑筋。‘赠人玫瑰手有余香’这句话，我们常听，这是老师教育我们要在生活中做到的。我们一直把它作为一种道德观念来执行，但是具体为什么还不是很清楚。我们在这堂课之后发现，‘手有余香’其实是一种幸福的感觉，原来带给别人好处居然是一件互利共赢的事情。我们以后要多做公益，为自己好，更为社会好。”

（二）教师反思

教师反思后认为，幸福是生活中最为常见的词，更是绝大多数人的毕生追求。学术界对幸福的论述涉及诸多领域，这一堂课主要在积极心理学的框架下对幸福进行定义。对于什么是幸福，很多人会潜意识地觉得吃得好、住得好、享受当下、随心所欲就是幸福，因此我们在区分享乐主义和真正的幸福感（幸福=快乐+意义）时花费了很多精力。在进行活动二时，学生在享乐主义和幸福感这两个问题上的得分都很高，此时教师应注意更多地将享乐可能带来的远期伤害讲清楚。活动三中，教师的引领作用非常重要。因为它的假设是回想起给最喜欢的人花钱比给自己花钱要更幸福。教师可以将讨论集中在数据是否支持这一预测上。这里可以列举一些人做慈善的例子加以佐证。

第十章

双元互动教学模式下积极的特质课例与评析

对于积极特质的教学内容安排按照由简单到复杂的顺序进行，并且课程所涉及的内容均是比较稳定的心理特质。与积极特质相比，兴趣、天赋与智慧和价值观是个性心理倾向，结构较为简单。因此，兴趣、天赋与智慧和价值观排在前，积极的特质排在后。与价值观相比，兴趣、天赋与智慧的结构更简单，学生也更容易理解，因此先介绍兴趣、天赋与智慧，接下来介绍价值观，最后介绍积极的特质。

第一节　兴趣、天赋与智慧

一、教学目标

知识目标：学生了解兴趣、天赋和智慧的概念，形成在自己兴趣的基础上获得并保存智慧的能力。

情感目标：学生热爱自己已有的兴趣，崇尚智慧人生。

二、教学重难点

教学重点：了解和发展学生的职业兴趣。

教学难点：讲解天赋的脑机制。让学生理解智慧的不同理论，帮助学生了解其天赋，发展其人生智慧。

三、课程设计

（一）课堂讲授

这一部分同样采用开门见山的方法引入新课。教师直接提问："你的兴趣是什么？""你想拥有智慧吗？""你的天赋是什么？"教师与学生进行互动，同时引出本节课的主题。

本节课的课堂讲授主要分为兴趣、天赋和智慧三个部分。在课程导入中，教师以"请问各位平时没事的时候都喜欢干点什么"发起提问，引入本课的第一部分内容——兴趣。在这一部分，教师主要讲清兴趣的概念、类型（休闲兴趣、学校兴趣和职业兴趣）以及如何发展良好的个人兴趣和职业兴趣。在"天赋"部分，教师同样会先介绍天赋的概念，接着对"天赋""天才""高智商"等概念进行辨析。在"天赋"部分的最后，教师阐述影响天赋的遗传和环境因素。在"智慧"部分，教师会介绍智慧的外显和内隐理论，同时也会介绍获得和保持智慧的方法。

（二）实践活动

1. 活动一：我最喜欢做的事清单

活动目的：让学生通过思考和交流明确自己的兴趣爱好。

活动材料：“我最喜欢做的事清单”（表 10-1）。

表 10-1　我最喜欢做的事清单

请列出 10 件你最喜欢做的事	这件事对你的意义（请从 A～J 中进行选择）
1	
2	
3	
4	
5	
6	
7	
8	
9	
10	

注：英文代号代表这 10 件事对你的意义，请选择适合的英文代码填在上面的表格里。A. 3 年前没有这种想法；B. 3 年前已有这种想法；C. 要冒险；D. 要放弃某些东西；E. 有人反对；F. 需要极大的耐心；G. 最优先；H. 晚年才做；I. 与我的人生观有关；J. 这是原则

活动过程：学生在课下填完“我最喜欢做的事清单”，以备课上讨论。

活动要求：学生一定要按照自己的实际情况进行作答。

2. 活动二：“我所熟悉的职业”

活动目的：通过熟悉的职业，让学生了解过去的生活和父母职业对自己的影响，激发其职业兴趣。

活动过程：6～8 人一组。发给每个人“我所熟悉的职业”练习纸（表 10-2），请每个人根据自己的经验写出 3 种熟悉的职业，一般会与父母的工作、亲人的工作有关，也有可能是从影视作品中了解的职业。

表 10-2　我所熟悉的职业

职业名称	职业环境	入职条件	待遇薪水	发展机会	主要压力	其他

3. 活动三：霍兰德职业探索

活动目的：让学生通过心理测试、游戏和讲解的方式探索自身的职业兴趣。

活动材料："霍兰德职业倾向测验量表"（表 10-3）。

表 10-3 霍兰德职业倾向测验量表

姓名：________ 性别：_____年龄：_____学历：______ 日期：_________

本测验量表将帮助您发现并确定自己的职业兴趣和能力特长，从而更好地帮助我们做出求职择业或专业选择的决策。

本测验共 7 个部分，每部分测验都没有时间限制，但请您尽快按要求完成。

一、您心目中的理想职业（专业）

对于未来的职业（或升学进修的专业），您得早有考虑，它可能很抽象、很朦胧，也可能很具体、很清晰。不论是哪种情况，现在都请您把自己最想干的 3 种工作或想读的 3 种专业按顺序写下来，并说明理由。请在所填职业/专业的右侧按其在您心目中的清晰程度或具体程度，按从很朦胧/抽象到很清晰/具体，分别用 1、2、3、4、5 来表示，如 5 分表示它在您心中的形象非常清晰。

职业/专业	清晰/具体程度	理由

以下第二、三、四部分每个类别下的每个小项皆为是否选择题，请选出比较适合您的，与您的情况相符的项目，并按有一项适合的计 1 分的规则统计分值，将相应分值填写在第六部分的统计项目中。

二、您所感兴趣的活动

下面列举了若干种活动，请就这些活动判断您的好恶。喜欢的计 1 分，不喜欢的不计分。请将答案直接写在答题纸上。

R：实际型活动	A：艺术型活动
1. 装配修理电器或玩具	1. 素描/制图或绘画
2. 修理自行车	2. 参加话剧/戏剧
3. 用木头做东西	3. 设计家具/布置室内
4. 开汽车或摩托车	4. 练习乐器/参加乐队
5. 用机器做东西	5. 欣赏音乐或戏剧
6. 参加木工技术学习班	6. 看小说/读剧本
7. 参加制图描图学习班	7. 从事摄影创作
8. 驾驶卡车或拖拉机	8. 写诗或吟诗
9. 参加机械和电气学习班	9. 进艺术（美术/音乐）培训班
10. 装配修理机器	10. 练习书法
I：调查型活动	**S：社会型活动**
1. 读科技图书或杂志	1. 参加单位组织的正式活动
2. 在实验室工作	2. 参加某个社会团体或俱乐部组织的活动
3. 改良水果品种，培育新的水果	3. 帮助别人解决困难
4. 调查了解土和金属等物质的成分	4. 照顾儿童
5. 研究自己选择的特殊问题	5. 出席晚会、联欢会、茶话会
6. 解算术题或数学游戏	6. 和大家一起出去郊游
7. 物理课	7. 想获得关于心理方面的知识
8. 化学课	8. 参加讲座或辩论会
9. 几何课	9. 观看或参加体育比赛和运动会
10. 生物课	10. 结交新朋友

续表

E：事业型活动	C：常规型（传统型）活动
1. 鼓动他人	1. 整理好桌面与房间
2. 卖东西	2. 抄写文件和信件
3. 谈论政治	3. 为领导写报告或公务信函
4. 制订计划、参加会议	4. 检查个人收支情况
5. 以自己的意志影响别人的行为	5. 参加打字培训班
6. 在社会团体中担任职务	6. 参加算盘、文秘等实务培训
7. 检查与评价别人的工作	7. 参加商业会计培训班
8. 结交名流	8. 参加情报处理培训班
9. 指导有某种目标的团体	9. 整理信件、报告、记录等
10. 参与政治活动	10. 写商业贸易信

三、您所擅长的活动

下面列举了若干种活动，请选择您能做或大概能做的事。请将答案直接写在答题纸上。

R：实际型能力	A：艺术型能力
1. 能使用电锯、电钻和锉刀等木工工具	1. 能演奏乐器
2. 知道万用电表的使用方法	2. 能参加二部或四部合唱
3. 能够修理自行车或其他机械	3. 能独唱或独奏
4. 能够使用电钻、磨床或缝纫机	4. 能扮演剧中角色
5. 能给家具和木制品刷漆	5. 能创作简单的乐曲
6. 能看建筑设计图纸	6. 会跳舞
7. 能够修理简单的电器用品	7. 能绘画、素描或书法
8. 能修理家具	8. 能雕刻、剪纸或泥塑
9. 能修理收录机	9. 能设计板报、服装或家具
10. 能简单地修理水管	10. 能写一手好文章

I：调研型能力	S：社会型能力
1. 懂得真空管或晶体管的作用	1. 有向各种人说明解释的能力
2. 能够列举三种蛋白质多的食品	2. 经常参加社会福利活动
3. 理解铀的裂变	3. 能和大家一起友好地相处
4. 能用计算尺、计算器、对数表	4. 善于与年长者相处
5. 会使用显微镜	5. 会邀请人、招待人
6. 能找到三个星座	6. 能简单易懂地教育儿童
7. 能独立进行调查研究	7. 能安排会议等活动顺序
8. 能解释简单的化学现象	8. 善于体察人心和帮助他人
9. 能理解人造卫星为什么不落地	9. 帮助护理病人和伤员
10. 经常参加学术会议	10. 安排社团组织的各种事务

E：事业型能力	C：常规型能力
1. 担任过学生干部并且干得不错	1. 会熟练地用拼音打字
2. 工作上能指导和监督他人	2. 会用外文打字机或复印机
3. 做事充满活力和热情	3. 能快速记笔记和抄写文章
4. 能有效利用自身的做法调动他人	4. 善于整理保管文件和资料
5. 销售能力强	5. 善于从事事务性的工作
6. 曾作为俱乐部或社团的负责人	6. 会用算盘
7. 向领导提出建议或反映意见	7. 能在短时间内分类和处理大量文件
8. 有开创事业的能力	8. 能使用计算机
9. 知道怎样做能成为一个优秀的领导者	9. 能搜集数据
10. 健谈善辩	10. 善于为自己或集体做财务预算表

四、您所喜欢（适合）的职业

下面列举了多种职业，请认真地看，请选择您感兴趣的工作，有一项计 1 分，不太喜欢或不关心的工作不选，不计分。请将答案直接写在答题纸上。

R：实际型职业	S：社会型职业
1. 飞机机械师	1. 街道、工会或妇联干部
2. 野生动物专家	2. 小学、中学教师
3. 汽车维修工	3. 精神病医生
4. 木匠	4. 婚姻介绍所工作人员
5. 测量工程师	5. 体育教练
6. 无线电报务员	6. 福利机构负责人
7. 园艺师	7. 心理咨询员
8. 长途公共汽车司机	8. 共青团干部
9. 电工	9. 导游
10. 火车司机	10. 国家机关工作人员
I：调研型职业	**E：事业型职业**
1. 气象学或天文学者	1. 厂长
2. 生物学者	2. 电视片编制人
3. 医学实验室的技术人员	3. 公司经理
4. 人类学者	4. 销售员
5. 动物学者	5. 不动产推销员
6. 化学者	6. 广告部长
7. 教学者	7. 体育活动主办者
8. 科学杂志的编辑或作家	8. 销售部长
9. 地质学者	9. 个体工商业者
10. 物理学者	10. 企业管理咨询人员
A：艺术型职业	**C：常规型职业**
1. 乐队指挥	1. 会计师
2. 演奏家	2. 银行出纳
3. 作家	3. 税收管理员
4. 摄影家	4. 计算机操作员
5. 记者	5. 记录人员
6. 画家、书法家	6. 成本核算员
7. 歌唱家	7. 文书档案管理员
8. 作曲家	8. 打字员
9. 电影电视演员	9. 法庭书记员
10. 电视节目主持人	10. 普查登记员

五、您的能力类型简评

下面两张表是您在六个职业能力方面的自我评定表。您可以先与同龄人比较出自己在每一方面的能力（表 A），然后斟酌后对自己的能力做评估（表 B）。请在表中适当的数字上画圈，数值越大，表明您的能力越强。注意，请勿画同样的数字，因为人的每项能力不会完全一样的。

表 A

R 型 机械操作能力	I 型 科学研究能力	A 型 艺术创作能力	S 型 解释表达能力	E 型 商业洽谈能力	C 型 事务执行能力
7	7	7	7	7	7
6	6	6	6	6	6
5	5	5	5	5	5
4	4	4	4	4	4
3	3	3	3	3	3
2	2	2	2	2	2
1	1	1	1	1	1

表 B

R 型 体育技能	I 型 数学技能	A 型 音乐技能	S 型 交际技能	E 型 领导技能	C 型 办公技能
7	7	7	7	7	7
6	6	6	6	6	6
5	5	5	5	5	5
4	4	4	4	4	4
3	3	3	3	3	3
2	2	2	2	2	2
1	1	1	1	1	1

六、统计

测试内容		R 型 实际型	I 型 调研型	A 型 艺术型	S 型 社会型	E 型 事业型	C 型 常规型
第二部分	兴趣						
第三部分	擅长						
第四部分	喜欢						
第五部分 A	能力						
第五部分 B	技能						
总分							

七、您所看重的东西——职业价值观

这一部分测验列出了人们在选择工作时通常会考虑的 9 种因素（见所附工作价值标准）。现在请您在其中选出最重要的两项因素，并将其填入下面相应的横线上。

最重要：________次重要：________　最不重要：______次不重要：________

附：工作价值标准

1. 工资高、福利好
2. 工作环境（物质方面）舒适
3. 人际关系良好
4. 工作稳定有保障
5. 能提供较好的受教育机会
6. 有较高的社会地位
7. 工作不太紧张、外部压力小
8. 能充分发挥自己的能力特长
9. 社会需要与社会贡献大

资料来源：樊富珉. 2015. 结构式团体辅导与咨询应用实例. 北京：高等教育出版社；Holland J L. 1985. Making Vocational Choices：A Theory of Vocational Personalities and Work Environments (2rd ed). Englewood Cliffs: Prentice-Hall,Inc.

活动过程：发放霍兰德职业倾向测验表，学生自觉学习霍兰德生涯理论。

活动要求：学生要准确计算自己的分数。

4. 活动四：全班总动员

活动目的：让学生体验根据学习风格特点来改善自己的学习效果，激发学习兴趣。

活动材料：A4 纸（每人 1 张）、笔（每人 1 支）。

活动过程：

1）有 6 种学习方式，让学生选择最喜欢的 1 种。①动手学习：喜欢动手学习知识。②视觉学习：喜欢通过声像学习知识。③自由学习：喜欢以自由的坐姿学习知识。④伴奏学习：喜欢伴随着背景音乐学习。⑤成对学习：喜欢跟他人一起学习。⑥走动学习：喜欢学习一会儿就起来活动活动身体。

学生对照下面的学习者学习特点描述，再次确认自己最符合哪种学习类型。①动手型学习者：这类学生在学习中需要较多的身体活动参与才能记住课堂教学的内容。例如，通过表演节目或制作模型，学生可以很好地达到学习效果。②视觉型学习者：这类学生记住知识的最佳方式是亲眼见到教学的相关知识。例如，他们可以通过电影、电视以及博物馆展品更好地进行学习。③自由学习者：这类学生可以在比较随意的环境下进行学习。例如，他们在舒适的软椅上的学习效率可能高于在正常的书桌前的学习效率。④伴音型学习者：这类学生在学习时需要用声音作为背景才能更好地集中注意力。⑤成对型学习者：这类学生需要和一个伙伴一起学习，这样学习成绩才能达到最好。⑥走动型学习者：这类学生在学习时需要时不时停下来，喝点水或者眺望一下窗外，这样才能帮助他们维持高效的学习状态。

2）寻找同类。找到最符合自己的学习类型，然后找到班级里和自己学习风格一致的同学，并和他们组成一个小组。全班分为 6 个小组。

3）风格反思。每个小组根据自己的优势学习风格，总结这种学习风格给自己带来的积极影响和消极影响。

4）学习建议。每个小组根据总结的积极影响和消极影响，提出合理、有效利用这种学习风格的学习建议。

5. 活动五：环保时装

活动目的：开拓创造性思维，增进智慧。

活动材料：每个小组 50 张 A4 纸，20 张旧报纸，透明胶带、双面胶带若干，1 把剪刀，1 盒彩笔。

活动过程：①发放道具。将学生分成小组，每组 5～10 人，然后发给每个小组一套材料，要求他们在 30 分钟内为一位组员设计一套漂亮的环保时装。②布置任务。要求每个组选出一个人来解释他们的环保时装的设计过程，如创意、实施方法等。③时装秀。由每个组为本组设计的时装编制解说词，在环保时装秀展示过程中宣读解说词。④评选表彰。由大家选出最有创意、最有价值、最简单实用的环保时装，获胜组可以得到一份小礼物。

（三）双元互动

本部分的讲授内容比较抽象，需要运用经典的理论去引导实践活动。兴趣是这一主题中学生熟知的部分，然后用兴趣的分类来引导学生的实践活动，帮助学生厘清兴趣的种类。通过职业兴趣以及激发起来的学习兴趣去印证课上讲的理论。智慧是非常抽象的内容，在这一部分中，教师会讲授非常抽象的智力理论。这些理论恰好能促进智慧的生成，活动五“环保时装”运用非常具体的例子来展示智慧的生成过程。

课程总结：“本节课我们一起了解了兴趣、天赋和智慧的概念，兴趣的类型、天赋的影响因素。我们重点学习了如何去发展自己的职业兴趣，开始形成自己发现、增长智慧的能力。”

四、教学反思

（一）学生反馈

学生认为职业选择的确是一直困扰大学生的问题，但是从兴趣的角度出发发现自己的职业兴趣，对职业进行利弊分析之后，自己对于职业有了新的认识。学生一开始认为“环保时装”活动太难了，根本不可能完成，但是大家集思广益，最后展示走秀的时候，真的觉得自己的表现超出了预期。

（二）教师反思

教师反思认为兴趣、天赋和智慧都是个性心理倾向性，它们很有可能在学生的生活中已经存在了很长时间。所以本节课的活动设计重在发现，促进学生去了解自己，发现自己的兴趣点，展现自己的智慧。在讲授的过程中，教师要注意积极心理学内容与其他学科之间的交叉和区别。因为职业生涯规划课中，教师一定会讲到霍兰德职业兴趣问卷，有些学生可能已经知道了自己的兴趣类型。但是积极心理学课程更注重引导学生去生成和养成兴趣，鼓励学生坚持自己的已有兴趣。在环保时装设计环节，教师应该注意调动学生的积极性。因为这一任务开始看起来很难，大家对于如何下手会存在很大的困惑。在进行课程设计的时候，教师运用相关理论激发学生的内部动机，同时也要运用物质奖励的方法来激发学生的外部动机。

第二节　积极的价值观

一、教学目标

知识目标：学生了解价值的具体内涵、价值的机制、价值的分类和人类价值的普遍结构，掌握树立正确价值观的渠道。

情感目标：学生崇尚正确积极的价值观观念。

二、教学重难点

教学重点：介绍人类价值观的普遍结构。

教学难点：帮助学生找到树立正确价值观的途径。

三、课程设计

（一）课堂讲授

通过买裤子的故事引入课程。教师总结故事后指出，当选择很少时，我们很容易知道什么是对的、什么是错的；当选择变多时，不同价值观念对我们选择的引导就变得尤为重要，进而引出本课要讲授的内容。

本课内容主要分为五个部分。第一部分介绍价值观的概念。本部分主要通过分辨价值观不是什么来逐步厘清价值观的核心要义。第二部分介绍价值观的功能。价值观的主要功能包括：价值观是行动的标准，具有很强的表现力，有很好的社会机能，能规范团体内的行为，能评判其他团体等。第三部分介绍价值观的分类。本部分分别介绍米尔顿·罗克奇（M. Rokeach）、奥尔伯特、英格尔哈特、西塞拉·博克（S. Bok）等学者的观点。第四部分介绍人类价值观的普遍结构，包括普遍性、善心、遵从/传统、安全、力量、成就、享乐、刺激、自我指导。本部分要着重强调人类普遍的价值观结构不是西方国家宣传的普世价值观，二者有本质的区别。第五部分介绍树立正确价值观的途径。在这一部分，教师要引领学生确定什么是正确的。这取决于我们所处的文化及其优先级，分析哪些价值观应该遵循，还要注意媒体的作用。

（二）实践活动

1. 活动一：采访——从生活目标探索个人价值观

活动目的：通过了解学生选择某些生活目标的原因，探索其相应的价值观。

活动材料：摄像机、录音笔、智能手机、纸、笔。

活动过程：学生每两人1组，互相采访。每人的采访时间为10分钟。采访主要围绕两个方面的内容进行：生活目标是什么？为什么会选择这样的目标？其中第二个方面尤为重要，见以下的“采访提纲”。

对你来说什么是最重要的？你最关心什么？

你是怎样安排时间来完成自己认为重要的事情的？

你希望这个世界发生什么样的变化？

你能将自己看重的价值观或目标在重要性上做个排序吗？

为什么这个价值观比另外一个更重要呢？

用以上收集到的价值观来回答以下问题：

你如何来表现出××价值观的重要性？

你从何时开始认为××价值观是重要的？

你将如何践行××价值观？打算用多长时间？

××价值观是如何影响你的生活的？

活动要求学生注意探索原因中隐含的价值观念，并进行相应的思维导图记录（图10-1）。采访提问参考表10-4进行。

2. 活动二：采访——困境中奋斗精神的作用

活动目的：通过采访让学生了解奋斗的价值观在困难情境中的作用。

活动材料：摄像机、录音笔、智能手机、纸、笔。

活动过程：学生对生活中经历过艰难困苦的群体进行采访。采访过程中注意收集艰苦奋斗精神在克服困境中的作用的相关信息。采访提纲如下。

访谈说明：在访谈之前，一定要对受访者说明本次采访的目的，并征得对方的同意。向受访者保证谈话内容保密。以下问题可作为参考。

背景信息：

整个事件的重点是什么？

在整个事件中，有没有能够体现艰苦奋斗精神的内容？

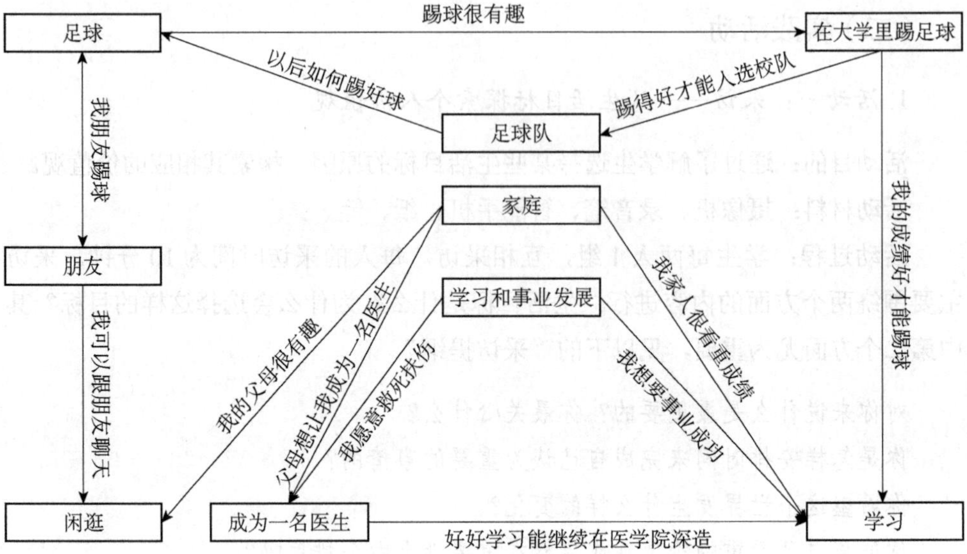

图 10-1　采访思维导图举例

表 10-4　采访问题举例

应注意的问题	举例
为了使空洞的内容具体化，可以这样提问： 可以再详细说说吗？ 为什么这一价值观对您来说很重要？ 可以举个例子吗？ 当您想到某一价值观时会怎么做？	Q. 家庭的重要性对您来说会持续多久？ A. 永远 Q. 可以再详细说说吗？ A. 很小的时候，我爸爸妈妈就经常支持我，鼓励我。我还有个姐姐，我们的关系非常好
为了防止被采访的学生误解我们的问题，我们可以打断，并详细地解释我们的问题	Q. 您都是怎么打发时间的呢？ A. 哦，我这不是跟你做采访吗？ Q. 我的意思是说，平常您为了践行自己的价值观或者实现目标，都是怎么安排生活的呢？
将提问聚焦在被采访者对问题的理解上，而不是让他回答针对这个问题的社会标准是什么	Q. 您希望社会发生怎样的变化？ A. 很多人都担心环境问题 Q. 您也担心环境问题吗？有没有什么具体的环境问题让您感兴趣的？
不要对受访者的价值观进行任何评价，在访问的结尾一定要感谢受访者的积极配合	感谢您的参与！ 多谢您的配合！

这件事情是否在精神层面打动了您？如何打动您的？

这件事情是否破坏了您心中神圣的事物？

您会对自己认为崇高的事情感到高兴吗？

卓越的精神可以帮助解决这件事情，您对这句话的理解有困难吗？

这件事情是否改变了您对于神圣的定义？如果有请详细描述。

有关他人的问题：

您曾因为这件事怨恨过谁吗？如果有，您已经原谅他了吗？

这件事过后你们之间的关系变化了吗？

这件事情在生活中如何影响了您？

有关自己的问题：

对于这件事情，您感受到价值观的冲突了吗？

在整件事情过程中，您有没有责怪自己？如果有，您是如何处理这种内疚感的？

您的价值观是如何改变自己的生活的？

3. 活动三：探索你的工作价值观

活动目的：通过活动区分工作价值观中的内在价值观和工具性价值观。

活动材料：纸和笔。

活动过程：①教师与学生一起列出目前常见的一些职业；②对这些职业进行内在价值观与工具性价值观的区分；③将这些区分的词语分别填写到内在价值观和工具性价值观示意图中（图 10-2），以备讨论。

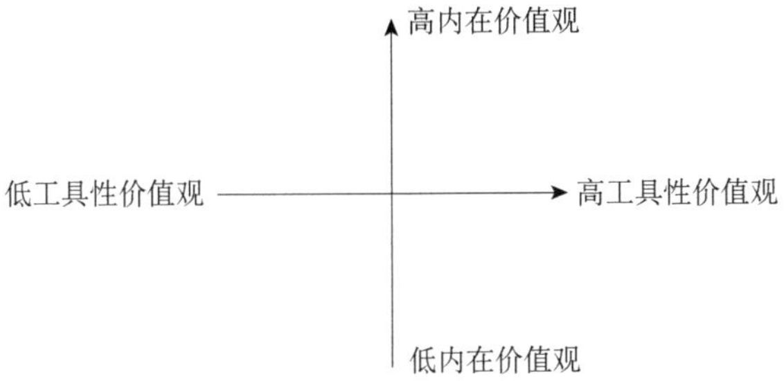

图 10-2　工具性价值观和内在价值观示意图

4. 活动四：克服享乐主义价值观

活动目的：通过活动，帮助学生摒弃享乐主义价值观。

活动材料：学生经常使用的各类 APP。

活动过程：①倡导学生不去观看各类 APP 上宣传的广告，不去向往或购买任何广告商品，坚持一周时间；②学生记录一周内的心情变化、做的事情及感想。

（三）双元互动

教师在课堂上讲授价值观的内涵及其表现形式，学生通过活动一加强对价值观内涵的理解。教师讲解价值观的功能和分类，学生采用活动三，主要练习应用工作领域的价值观。教师讲解如何树立价值观，学生采用活动二和活动四，练习树立和摒弃一部分价值观。这一主题的所有活动都需要在课堂上充分讨论。讨论过程中，教师要保持开放的态度以促进师生互动。同时，教师也应把握方向性的内容，确保积极的价值观得以建立和保持。

课程总结："本节课我们一起学习了价值，了解了价值的内涵、功效、分类，重点学习了如何树立积极的价值观。"

四、教学反思

（一）学生反馈

学生认为采访很难，会有跑题的情况，尤其是采访自己认识的人，大家很难进入状态，容易笑场。在访谈提纲的帮助下，学生对被访谈对象的价值观有所了解，也能认识到自己为什么能跟对方成为好朋友，因为价值观一致，所以采访学生这类群体更容易一些。学生先前看了一些中央电视台的采访，从中掌握了一些方法，使得采访进程更容易进行。尤其是体现克服困难的精神的公共卫生事件非常多，通过采访，学生受到了极大的鼓舞，向奋斗在一线的医护人员和人民解放军致敬。

（二）教师反思

这一主题的内容非常抽象，容易让人联想到与思想政治理论课的价值观相关内容。积极心理学框架内的价值观与思想政治理论课内的价值观并不存在任何冲突，而在积极心理学课程中，教师更加细致地分析价值观的内涵、功能及表现形式。在讲授的过程中，教师要注意将价值观的表现形式多元化，细化到生活中，这可以在一定程度上帮助学生将抽象的内容具体化，以便学生很好地理解价值观的内涵及外延。价值观一般不太容易表达，因此讨论的过程对教师提出了较高的要求。教师要在学生谈论以及描述日常生活事件时，及时、准确地表达价值观的内容，帮助学生将潜在的价值观意识化。另外，在这一部分，价值观方向的引领相当重要，教师既可以借鉴思想政治课的方向，也要结合中华民族的传统美德加以解释。

第三节　积极的特质

一、教学目标

知识目标：学生了解中华传统文化以及西方的积极人格品质的思想，掌握积极人格优势理论中六种美德的内涵与外延，形成识别并发展这些美德的能力。

情感目标：学生崇尚美德，形成塑造美德的良好情操。

二、教学重难点

教学重点：帮助学生理解人类的六大美德和24项积极特质的深刻含义。

教学难点：让学生理解儒家学说中关于圣贤人格的理论观点，理解德谟克利特的节制论、奥古斯丁的七德论。

三、课程设计

（一）课堂讲授

这一课采用自我测试的方式引入主题。在课前请学生进行性格优势测试，教师通过分享测试结果引出讲授主题。

本课内容分为三个部分：第一部分主要介绍性格优势研究的起源，分别从东西方视角出发介绍性格优势的早期研究。在东方视角中，教师分别介绍周易、儒家、道家中有关的理想人格理论。在西方视角中，教师会介绍德谟克利特的节制论、柏拉图有关德行和智慧是人生的真正幸福的观点、斯多葛派的幸福论、奥古斯丁的七德论等。第二部分主要介绍积极心理学性格优势的理论体系。积极心理学将人类的性格优势分为六大美德、24项性格优势。六大美德分别是智慧、勇气、仁慈、正义、节制和卓越。智慧美德包括创造力、好奇心、思维开阔、好学和洞察力五种优势。勇气美德包含勇敢、恒心、正直和活力四种优势。仁慈美德包含爱、友善和情商三种优势。正义美德包含团队合作、公正、领导力三种优势。节制美德包含宽恕、谦逊、审慎和自我节制等优势。卓越美德包含审美能力、感激、希望和幽默四种优势。第三部分主要介绍如何培养性格优势。

（二）实践活动

1. 活动一：24 种人格力量测试

活动目的：让学生掌握自己的五种性格优势，初步了解人类的六大美德、24种性格优势。

活动材料：互联网、智能手机或电脑。

活动过程：第一步，学生自行登录 http://www.viacharacter.org/www/进行性格优势测评；第二步，学生牢记自己的五种性格优势，并通读测验的所有结果。

2. 活动二：谦逊的培养

活动目的：让学生了解谦逊的内涵，向生活中谦逊的人学习。

活动材料：关系谦逊量表（表 10-5）、白纸、笔。

活动过程：①让学生回想一下，找到自己认为的生活中最谦虚的人，可以是自己认识的身边人，也可以是了解到的素未谋面的陌生人；②学生以确定好的这个人为目标，填写关系谦逊量表（Davis et al.，2011），并计算出谦逊、优越感和自我意识三个分量表的分数；③请学生用 15 分钟时间写一篇简短的评论。评论中应回答以下问题：描述目标人物是如何表现出谦逊的？目标人物在他的言谈举止中是以何种方式表现出谦逊的？目标人物是具有谦逊的特质，还是为了维持某种关系而表现出谦逊，或是两者兼有？想在哪些方面更像自己选择的人？

表 10-5　关系谦逊量表

指导语：想一下您认为最谦逊的人，阅读以下语句，并以 1（完全不同意）～5（完全同意）进行评价

题目	完全不同意			完全同意
他/她有谦逊的品质（GH）	1	2	3	4	5
他/她真的是一个谦逊的人（GH）	1	2	3	4	5
大多数人认为他/她是一个谦逊的人（GH）	1	2	3	4	5
他/她的好朋友认为他/她是一个谦逊的人（GH）	1	2	3	4	5
即便是陌生人都会认为他/她是一个谦逊的人（GH）	1	2	3	4	5
他/她认为自己极为优秀（S）	1	2	3	4	5
他/她自大（S）	1	2	3	4	5
他/她认为自己极为重要（S）	1	2	3	4	5
他/她认为有些工作是不值得做的（S）	1	2	3	4	5
当跟他/她在一起时，我感到自卑（S）	1	2	3	4	5
我觉得他/她自以为是（S）	1	2	3	4	5
他/她不愿意为别人做毫无意义的工作（S）	1	2	3	4	5
他/她对自己了解得很清楚（SA）	1	2	3	4	5

续表

题目	完全不同意				完全同意
他/她有自己的强项（SA）	1	2	3	4	5
他/她有自知之明（SA）	1	2	3	4	5

注：GH=global humility，即一般意义上的谦逊；S=superiority，即优越感；SA=self-awareness，即自我意识。计分方法是各个题目的分数加和

资料来源：Davis D E，Hook J N，Jr Worthington E L，et al. 2011. Relational humility：Conceptualizing and measuring humility as a personality judgment. Journal of Personality Assessment，93（3）：225-234

3. 活动三：好奇心的培养

活动目的：让学生了解好奇心，了解焦虑与好奇心之间的关系，知道如何利用好奇心进行更愉快、有趣和有意义的社交互动。

活动材料：一张纸和一支笔（铅笔、蜡笔）。

活动过程：①请学生想出一个想跟他人沟通的问题，并设想一段令自己非常满意的对话。②请学生在教室中随意走动，每个人的移动距离必须超过自己原地点的距离 10 米。③移动后，找到此刻离自己最近的同学，互相交换问题。一个人回答，另一个人与其交谈，然后互换。

4. 活动四：性格优势取舍

活动目的：让学生认识自己重要的五种性格优势，通过对自己的优势进行排序，更加珍惜自己的优势。在交流分享中，学生彼此启发、相互学习，从而感受到每个人都有自己的独特优势，从而感到自信。

活动材料：A4 纸、铅笔或水性笔（每人一支）。

活动过程：①学生拿出自己的性格优势测试结果，通读自己的优势，并回顾自己在生活中是如何应用这些优势的。②删除第一种优势。让学生仔细思考如何在五种已有优势中删除一种优势。在删除之前认真思考，并写下删除它的理由。③删除第二种优势。指导语：“现在，你的身上只拥有四种优势了，但随着时间的流逝，它会离你而去。请拿起手中的笔，从这四种中再划去一种。同样，你也要想清楚再划去，因为一旦下笔就不能再进行修改，而且划去之后意味着你将永远失去这一优势。”④删除第三种优势。指导语：“请从这三种中再划去一种。同样，你也要想清楚了再划，因为一旦划去，你将永远失去这一优势。”⑤删除第四种优势。指导语：“我们的活动仍在继续，请同学们做出最后的选择，从剩下的两种优势中再划去一种，请认真考虑后选择。”

5. 活动五：如何运用性格优势

活动目的：让学生在认识和了解自己的性格优势的基础上，学会运用这些优势。

活动材料：24种人格力量测试结果。

活动过程：①给出指导语："每个人的个性优势通常代表着人们看待世界的视角。这种视角会影响人们的观点、情绪和行为。"②将全班学生分为4组。这4组学生被分配到不同的问题情境中。每个问题情境中匹配了不同的性格优势（见"如何运用性格优势"）。指导语为："在这些问题情境中，我们并不着力于解决这些问题，而是假定一些有特定性格优势的人会如何回答以下问题：A. 在这种情况下，拥有如下性格优势的人会确定什么目标？B. 在这种情况下，拥有如下性格优势的人会提出哪些问题？C. 在这种情况下，拥有如下性格优势的人会怎么做？"

如何运用性格优势

场景一：大一新生来到大学的第一个星期。配备的性格优势：寻求认同；包容；纪律；对于美和卓越的向往；领导力；热爱学习；自我调节。

场景二：解决与他人的冲突。配备的性格优势：幽默；掌控力；同情；和谐；好奇心；谨慎与奉献精神；善良。

场景三：准备课前演讲。配备的性格优势：交往能力；组织能力；追求完美；接受能力；热情；判断力以及开阔的思维；坚持不懈；创造力。

场景四：以领导身份管理一个体育团队。配备的性格优势：有远大理想；有持之以恒的精神；有个性的；成熟的人；谦逊；感恩；公正；希望。

（三）双元互动

学生需要在课前进行24种人格力量测试，教师需要引导学生初步了解性格优势理论。在课堂讲授部分，着重介绍国内外对性格优势的研究成果，引导学生深入理解人类的六大核心美德及24种性格优势，以此为基础引导学生进行活动实践。活动二和活动三主要举例说明如何培养谦逊和好奇心。活动四也是对所有优势的总体应用。在活动过程中，活动二到活动四都要进行小组讨论，以促进学生之间的沟通。小组讨论结束后，学生需要向老师汇报心得体会，此时教师参与讨论，以促进师生的沟通。

课程总结："本节课，我们一起学习了性格优势的相关理论，了解了目前人类的24种性格优势，希望大家能够识别这些性格优势，并在自己的身上发展它们。"

四、教学反思

（一）学生反馈

学生反馈："性格是我们熟知的一项内容，但是我们以往都只是注重性格不好的一面。以往的道德教育中举出的道德模范好像很难一下达到人家那么高的高度。所以对于性格方面总是感到迷惑，又无能为力。今天的几个活动让我们了解了自己的优势，可以从他人的角度学习运用这些优势，虽然我在活动中没有直说，但是觉得自己还是得到了锻炼。"

（二）教师反思

性格优势是积极心理学的一项非常重要的研究结果。这项研究收集了来自 25 个国家和地区的被试数据，从这些被试中总结出了人类共有的 六 大核心美德、24 种性格优势。教师主要将视角放在探讨这些优势如何改变现有的生活上，这也是积极心理学的一个主旨。因此，在设计活动的过程中，24 种人格力量测试是基础，好奇心或谦虚培养是对 24 种性格优势的举例说明。活动的重点在于如何运用这些优势思考生活中的问题，并通过思考，尝试从新视角出发解决实际问题。

第十一章 双元互动教学模式下积极的关系课例与评析

本章包括三节内容，按照由近及远的逻辑顺序展开。从物理距离和心理距离来看，在积极的关系中，人与人最为接近的关系是亲密关系，因此本章首先介绍亲密关系。与亲密关系相比，友谊关系的距离稍远，放在第二位进行介绍。与其他两个主题相比，积极的组织距离学生最远，放到最后进行介绍。

第一节　亲密关系

一、教学目标

知识目标：学生了解爱情的相关理论，正确理解维持浪漫关系需要做出的努力，理解浪漫关系中难免存在冲突，掌握建立安全型依恋的方法和进行建设性沟通的方法。

情感目标：学生形成以智慧享受浪漫关系的态度，进而体验亲密关系。

二、教学重难点

教学重点：帮助学生理解成长心态在维持浪漫关系中的重要作用。

教学难点：帮助学生学会与伴侣进行建设性的沟通并解决矛盾。

三、课程设计

（一）课堂教学

教师通过复习提问和案例法引入新课。教师请学生回忆在心理健康课上讲的确定恋爱对象的原则。通过师生共同回忆，讲出确定恋爱对象的五个原则之后，引导学生思考在确定恋爱对象之后如何维持一段浪漫关系。教师通过介绍明星恩爱夫妻引入讲授主题。

本课讲解主要包括五个部分。①介绍爱的相关理论，主要介绍爱的类型及爱的个体差异。②介绍维持恋情需要付出努力，教师一方面帮助学生树立恋爱中的成长心态；另一方面帮助学生找到恋爱中可以做的事情。③介绍如何在恋爱过程中做出改变，介绍在成长心态下如何让爱人更加了解自己，而不是仅仅认可自己，如何建立安全型的依恋以及在恋爱中应该遵守哪些基本原则。④介绍恋爱中要允许冲突的出现以及学会解决冲突，比如，通过进行积极、幽默的交流，分享自己在冲突中的收获，多关心对方以及理解对方的感受，这些方法都能够很好地解决冲突。⑤介绍赞赏这一建设性交流方法，帮助学生学会赞赏伴侣。同时，教师也提示学生要注意赞赏所适用的场合。

（二）实践活动

1. 活动一：你与他

活动目的：了解另一半，为建立积极关系奠定基础。

活动材料：纸、笔。

活动过程：请学生简要写出对以下问题的回答。①第一次遇见对方时对方给自己留下的第一印象（形容一下当时的他/她，什么时间、地点，周围有什么人）？②现在的他/她与第一印象有何区别？③是什么导致了他/她的改变？哪方面是你对他/她的影响？④你自己有改变吗？原因是什么？在变化中，对方如何影响了你？如果有条件，可以进行情侣之间的互换练习。

2. 活动二：爱的表达

活动目的：体察自己的表达方式，促进积极沟通，积极增进亲密关系。

活动材料：纸、笔、交流方式评估表（表 11-1）。

表 11-1　交流方式评估表

指导语：您喜欢对方用哪种方式表达爱意？对方喜欢您用哪种方式表达？请用 1～5 表示您和对方喜爱的程度，1 代表“最喜欢的方式”，5 代表“最不喜欢的方式”

方式	自己	对方
为我服务（协助我赶功课、修理计算机等）		
语言的肯定（称赞、甜言蜜语）		
身体接触（拥抱、触摸、拍拍背）		
送礼物（大小不拘，能表达心意）		
共度美好时光（共同游玩、二人共度时光、花时间听我诉说）		

活动过程：请学生填写交流方式评估表，如果有条件，可以情侣互换交流。

3. 活动三：建设性沟通练习

活动目的：学习建设性沟通，促进积极交流。

活动材料：四种沟通类型的说明材料。

活动过程：①学生两两一组，进行访问，一个为访问者，另一个为受访者。②访问者会收到四种沟通类型中的一种。受访者可以选择任何一个积极的事件进行讲述。受访者要记住谈话中的感受。③访问者换另外一种沟通类型，针对受访者的事件进行再次回应。受访者同样要记住谈话中的感受。

4. 活动四：恋爱问题互助

活动目的：运用头脑风暴，解决恋爱中的一般问题，促进亲密关系。

活动材料：线上交流系统。

活动过程：①线上收集学生在恋爱过程中遇到的问题，学生提问时确保匿名；②对学生有见解的问题，可以广泛收集答案。

（三）双元互动

在课堂教学过程中，教师要讲清楚爱的类型和维持爱的过程中应具有的成长心态。教师要引导学生以成长的心态进行实践活动。在实践活动中，要充分利用网络和课堂讨论。在课前，通过网络收集恋爱中的问题，教师进行总结后，对于典型问题，在课堂上提问。运用头脑风暴，请学生回答问题。教师进行有益的总结，帮助学生建立良好的亲密关系。在其余活动中，教师应鼓励学生之间进行沟通，尤其是在建设性沟通活动中，学生间的交流是基础。教师应根据学生交流的情况及时进行引导，帮助学生学会进行建设性沟通，以建立和维持亲密关系。

课程总结："本节课，我们首先复习了确定恋爱对象的标准，重点讲解了维持恋爱关系需要做出的努力，通过对比讲解突破了本章的难点，帮助大家学会进行建设性沟通，从而学会赞赏。"

四、教学反思

（一）学生反馈

学生反馈："我很喜欢这个主题的课。我以前在上心理健康这个主题的课时对此有一点了解，但是具体怎么做很模糊。通过交流方式的练习，我了解了自己、我的另一半在我们相识之前和之后的变化，看到了我们之间的相互促进和影响，通过沟通，我了解了另一半希望我怎样对待他/她。我在系统中提出了一个问题，当时还挺不好意思的，但是老师在课堂上匿名提出来，我看到很多同学都帮我想办法，我很感动。"

（二）教师反思

这一主题的内容是学生非常喜欢的，课堂活动比较容易开展。这一主题看似与心理健康课的内容略有相似，但积极心理学中更注重亲密关系的维持。讲授过程中，教师应将建设性沟通方式作为本课的难点。在讨论的过程中，教师需要引导学生向着积极的方向建构亲密关系。必要时，可以通过教师和学生进行角色扮演，帮助学生理解建设性沟通的方法。针对学生提出的各类问题，教师要进行非常谨慎的总结。在头脑风暴环节，教师首先要注意调动学生的积极性。学生提出解决方案时，教师要进行很好的总结和提升，并尽可能地帮助学生解决问题。

第二节　积极的友谊

一、教学目标

知识目标：学生了解友谊的定义、特征和社会功能，掌握培养和维持友谊的基本途径。

情感目标：学生形成良好的人际关系态度，享受朋辈之乐。

二、教学重难点

教学重点：帮助学生理解友谊的社会支持功能的内涵和表现。

教学难点：让学生学会建立安全依恋、培养利他、学会积极沟通以培养积极的友谊。

三、课程设计

（一）课堂教学

通过“我的友谊之花”活动复习并引入新课。活动中，通过让学生识别自己的友谊现状引入本课主题。

我的友谊之花

友谊的要诀就是友谊之花上的10片花瓣，拥有的花瓣越多，你的友谊之花就越美丽。你有多少花瓣呢？请涂红相应的花瓣。

主动开放——伸出你的友谊之手。

有礼貌——良好的礼貌由微小的牺牲组成。

不挖苦别人——多以言语和行动表达对别人的欣赏。

勇于认错——不肯说“对不起”是懦弱的表现。

留意自己的言行举止——粗鲁会伤害别人。

严守秘密——对得起别人的信任。

尊重别人——一个人如果感到不被尊重，会被深深地激怒。

坦诚——没有人愿意和虚伪的人、骗子交朋友。

善于合作——为集体的利益付出自己的努力与提供支持。

不要以自我为中心——坚持你的意见，同时也接纳他人。

【小结】生活中，我们每个人都需要友谊。是友谊让我们的生活更加丰富精彩！如何能够收获积极的友谊？

本课的讲授主要包括三个部分：①介绍友谊的概念及特征，在友谊的特征部分着重强调平等合作及亲密的作用；②介绍友谊的社会支持功能，着重介绍友谊的友爱、亲密、同盟、帮助、安抚、陪伴、肯定价值和归属感八种社会支持功能；③介绍培养积极友谊的途径，即寻找志趣相投的人、寻找好朋友的特征、培养安全的依恋关系、培养利他、学会言语沟通的技巧，这些均可用于培养积极的友谊。

（二）实践活动

1. 活动一：寻人行动

活动目的：让学生学习主动交往，发现志趣相投的人。

活动材料：寻人信息卡（表 11-2）、笔。

表 11-2　寻人信息卡

序号	特征	签名	序号	特征	签名
1	穿黑色裤子		12	未来想当医生	
2	会打羽毛球		13	9月出生	
3	有白发的人		14	色盲、色弱者	
4	喜欢听古典音乐		15	是班干部	
5	去过北京		16	擅长游泳	
6	喜欢早起		17	戴眼镜	
7	身高 170 厘米		18	补过牙	
8	妈妈是教师		19	穿黑袜子	
9	校运动会得奖		20	喜欢追星	
10	读过余秋雨的书		21	喜欢打游戏	
11	参加过爱心捐款		22	当过志愿者	

续表

序号	特征	签名	序号	特征	签名
23	爱自拍		28	不是本地人	
24	有住院开刀的经历		29	爱养小动物	
25	体重 54 公斤		30	想考研究生	
26	喜欢红色		31	喜欢旅游	
27	喜欢爬山		32	爱吃妈妈做的菜	

活动过程：①要求学生根据寻人信息卡上的信息，在 10 分钟内找到具有该特征的人，简单交流后签名；②学生交流寻人信息卡，看看谁的签名最多，教师邀请有代表性的学生在全班进行交流；③交流过后，教师在全班宣读，请具有同一特征的人站在一排相互交流。

2. 活动二：信任之旅

活动目的：让学生理解在积极的友谊关系中，自助与他助同等重要；让学生感受到信任与被信任。

活动材料：眼罩（每人一只）、复杂的盲道设计、轻柔的背景音乐。

活动过程：①在背景音乐中，每位学生戴上眼罩扮演盲人，先在室内独自一个人穿越障碍，体验盲人的无助、艰辛甚至恐惧。②所有学生中，一半继续扮演盲人，另外一半扮演帮助盲人的“拐棍”，由“拐棍”帮助盲人完成室外有障碍的旅行。完成后，交换角色重新体验。③所有学生扮演盲人。两个盲人相互帮助，到室外走过一段障碍旅程。④学生交流在不同情况下扮演不同角色的感受。

3. 活动三：戴高帽

活动目的：练习赞美。

活动材料：一顶高高的帽子。

活动过程：①将全班学生分组，6～7 人一组，让组内比较内向的学生戴上高帽；②全组学生依次夸赞戴上高帽的学生，夸赞的学生必须遵守课堂上讲的夸赞的基本原则；③所有学生夸赞之后，被夸赞的学生谈一下感想。

4. 活动四：倾听练习

活动目的：帮助学生体会人际交往过程中倾听的重要性，并学习怎样做一个好的倾听者、维持好的友谊。

活动材料：无。

活动过程：学生按“1、2”报数，分为两个小组，教师将1组成员先带出教室，安排任务：接下来的2分钟，向2组的伙伴讲述一件最开心或者最有趣的事情。2组学生由教师安排任务：在接下来的1分钟内，学生认真倾听1组伙伴的话，当教师发出一个口令时，2组学生不再认真倾听伙伴的讲述。接下来，1组、2组学生一一结对，开始讲述和倾听。时间共2分钟。教师在1分钟时发布指令。

活动结束后，1组学生谈自己的感受：自己在对同伴讲述的时候，同伴的表现怎样？自己的表述是否流畅？有没有感觉到同伴期间有变化？如果有，是什么变化？同伴的改变对自己的讲述有没有影响？如果学生没有感觉到同伴在倾听中的变化，请2组学生告诉1组学生自己的任务，以及自己是如何完成任务的。

（三）双元互动

在课堂讲授过程中，第一部分关于友谊的概念及特征主要由教师讲解。教师通过影视剧、短视频讲解友谊的社会功能。实践活动中，主要练习建立积极的友谊的方法。活动一主要用来深化学生对积极的友谊的认知。在活动一中进行师生互动，请具有同样特征的人组成一组谈谈感想，增进学生之间的情感，进而促进学生之间的友谊。活动二中，主要进行生生互动，培养安全依恋中的信任关系。在这个活动中，教师注意不要刻意引导，请学生独立完成，促进学生之间的沟通。教师要注意保证学生的安全。活动三和活动四主要用于深化学生对积极沟通的理解。在戴高帽活动中，邀请夸赞和被夸赞的学生交流感想。教师要在每一组中进行指导，如果学生夸奖得不恰当，教师需给出正确的示范。活动四主要用于深化学生对倾听重要性的理解。在前1分钟，教师尤其要指导2组学生在神态动作和心态方面保证倾听的质量。

课程总结：“本节课我们一起学习了积极的友谊，了解了友谊的概念、核心特征、社会功能，重点讨论了培养良好友谊的途径。”

四、教学反思

（一）学生反馈

学生反馈：“这个主题中讲授的友谊的社会支持功能对我挺有启发的。以前我只是感受到了朋友的重要性，有了朋友内心坚强、温暖，但是真不了解友谊可以有这么多的支持功能。通过今天的课程，我对朋友的意义有了更全面的理解。

活动的过程中，我是被夸的那个人，刚开始被夸的时候是挺不好意思的。后来，他们真的夸得挺在点上，被夸之后更有自信了。在倾听练习的时候，我在 1 组，我使劲讲自己的故事，一开始我的搭档听得特别认真，我感觉挺好的，但是不一会儿他就变样了，我们友谊的小船差点翻了。但是，讨论过后，我明白了活动的意义，也理解了倾听的重要性。”

（二）教师反思

本主题的内容与心理健康教育课的内容略有重叠。本主题的重点有两个：第一个是友谊的社会支持功能。在这部分，通过视频及实例分析，让学生明白朋友支持的广泛内涵。第二个是维持积极的友谊。在活动一中，分类的不同会造成很多人在一组，而有的人没有组。为了让学生感受到有共同特征的亲近感，教师需要在学生交流的过程中认真、高效地总结。在“信任之旅”中，教师尤其要注意保证学生的安全。友谊是每个人都需要的人际关系，切合学生需要的练习不仅深化了学生对理论的理解，更增进了学生之间的友谊。

第三节　积极的组织

一、教学目标

知识目标：学生了解不同层面的积极组织的架构与理念；掌握积极教育的主要影响因素；掌握受益性受雇的特征。

情感目标：学生形成对接受教育和工作的成长心态；学生具有爱校、爱组织、爱国情怀。

二、教学重难点

教学重点：帮助学生理解积极教育的基本要素和积极组织制度的特征。

教学难点：帮助学生掌握作为员工时积极探索受益性受雇的途径，即作为雇主如何创设良好的工作环境。

三、课程设计

（一）课堂教学

本节课通过自我袒露法引入主题。教师通过袒露自身的出国经历来对比不同国家的制度，从而引出“积极的组织”这一主题。

主题内容主要分为三个部分。①积极的制度。从国家、工作、社区等不同维度介绍积极组织的内涵和特征。②积极的学校教育。重点介绍积极教育的必要性及要素。③积极的工作。分别从雇主、雇员两个角度说明如何给别人提供一份好的工作、如何做好一份工作。

（二）实践活动

1. 活动一：寻宝拼图

活动目的：从团队合作模式中找到自己与他人的区别，理解团队成功对于个人成功的重要性。

活动材料：“寻猎”的目标描述材料、指南针、地图。

活动过程：

1）任务设置。①户外场地。②预分组：根据情况，尽量保证每组人数相同。③活动准备：按照参加活动的人数准备宝盒，每人一个；按照小组数量准备相应的卡片，每张卡片上写一句话；每张卡片按小组数剪开，每个宝盒中放入一张碎片；将所有宝盒的顺序打乱，藏入活动场地。

2）准备出发。①集中所有团队成员。②明确任务：A. 宝盒分布在各个隐藏的地方，参与者要仔细进行搜寻，每个人只能得到一个宝盒；B. 每个宝盒中有一张碎片，拥有同属一张图片的碎片的人是同一小组的成员；C. 同组成员要将自己的碎片与其他人的碎片拼接成一张完整、正确的图片，寻宝才算结束；D. 在规定时间（1 小时）内，最先完成的小组将获得奖励。

3）开始寻宝。①当时间到时，要求参与者按照小组集合；②没有找到宝盒的参与者集中到一起。

4）成果展示与讨论。①展示各组成果，每组简要展示后进入讨论；②讨论话题示例如下。

你是怎样找到宝盒的？

你是怎样找到你的小组的？

你有没有为你的小组提出过意见？你的意见被采纳了吗？

你在小组中承担的角色是什么？这个角色适合你吗？或者这个角色符合你的期望吗？

活动结束还没找到宝盒的成员，有何感受？

5）深度分析。①谈一谈活动中的心路历程；②联系工作中的实际情况，能从中发现什么呢？

2. 活动二：文化组织形式对个人幸福感的影响

活动目标：学生了解社会文化组织形式对个人幸福感的影响。

活动材料：独立型自我建构列表（表 11-3）、依存型自我建构列表（表 11-4）、理想生活规划调查表（表 11-5）。

表 11-3 独立型自我建构列表

在下面的横线中列出您与朋友和家人的不同

1.
2.
3.
4.
5.
6.
7.
8.
9.
10.
11.
12.
13.
14.
15.

在教师给出下一步指令前，请不要向下进行。您能再想想自己和朋友、家人还有哪些不同吗？

表 11-4 依存型自我建构列表

在下面的横线中列出您与朋友和家人的相同点

1.
2.
3.
4.
5.

续表

6.
7.
8.
9.
10.
11.
12.
13.
14.
15.

在教师给出下一步指令前，请不要向下进行。您能再想想自己和朋友、家人还有哪些相同点吗？

表 11-5　理想生活规划调查表

第一步：在这个任务中，请设计一下你的理想生活。这一理想生活有预算的上限。例如，如果您想在 50%的时间内都体验高自尊，您将会花费 5 万元。请在下面的表格中设计自己最满意的生活，但是预算不能超过 21 万元

给您 21 万元的预算，选择自己想要的生活	占未来生活的 10%/万元				占未来生活的 50%/万元					占未来生活的 100%/万元
高自尊	1	2	3	4	5	6	7	8	9	10
感到高兴、冷静、兴奋、愉快、骄傲、放松	1	2	3	4	5	6	7	8	9	10
孝顺父母	1	2	3	4	5	6	7	8	9	10
得到朋友和家人的认同	1	2	3	4	5	6	7	8	9	10
与他人的关系良好	1	2	3	4	5	6	7	8	9	10

注：此为中文翻译版。

资料来源：Froh J J，Parks A C. 2013. Activities for teaching positive psychology：A guide for instructors. American Psychological Association

您的总得分超过 21 万元了吗？是/否

第二步：下面哪张图片最能代表您的真正幸福？（请选择一张图片）

A　　B

活动过程：①学生分别填写独立型自我建构列表、依存型自我建构列表及理想生活规划调查表；②教师向学生解释独立型自我建构和依存型自我建构的区别、个人主义文化和集体主义文化的区别；③请学生猜测理想生活规划调查表的题目中哪些是独立型自我建构的题目，哪些是依存型自我建构的题目；④计算独立型自我建构的平均分和依存型自我建构的平均分，收集选择第一张笑脸和第二张笑脸的频率数据，并分析其相关性。

3. 活动三：公民参与

活动目的：通过对社会和现实问题发表意见，学会承认他人观点、表达自己观点的方法。

活动材料：在各大媒体上收集时事评论的专栏信息，这些专栏应该是学生认为写得非常好的。

活动过程：①在各大媒体上收集时事评论的专栏信息，挑选自己认为最好的专栏评论带到课堂上。小组成员（3～4 人）讨论写一个专栏需要具备的要素有哪些。然后，全班学生在老师的带领下一起总结（参考“开始写时事评论的注意事项”）。准备下一阶段，就小组内的某一个时事新闻阐述自己的观点，这必须在尊重他人观点的基础上进行。②学生自己写一篇时事评论，300～500 字。然后将其带到课堂上，小组同学对其进行评论，并提出修改意见。③学生在课下总结同学们的意见，并修改自己的时事评论，将修改后的稿件以及同学们的修改意见一并上交给老师。教师请学生自行寻找渠道，发表自己的时事评论稿件。

开始写时事评论的注意事项

A. 选择一个你认真、深入思考的话题，写几句评论语，以提出你的观点。写几句你反对的观点，以提示你要多角度看待问题。

B. 想象一下你写这篇东西的受众是谁？他们现在需要什么？什么观点会引起他们的关注？如何呈现信息才能让读者很快地了解你的观点？什么样的陈述最具吸引力？

C. 一篇好的时事评论应该具备以下特征：抓人眼球的题目；观点突出；第一段中就提出主要观点；给出背景信息；选择一个视角来陈述，这个视角最好能面向大多数读者；运用通俗易懂的语言（避免使用太多的专业术语）；陈述简短有力、观点鲜明；描述要充满感情，也要逻辑自洽；要有数据、事实等内容作为观点的支撑；要尊重不同观点，也要能够提出挑战；不能进行人身攻击或用不礼貌的语言；要进行总结（例如，读者应该怎么做，或者读者为什么要把你的观点分享给他人）。

（三）双元互动

在课堂教学中，教师要精讲积极的教育、积极的社会组织以及积极的工作是如何促进个人与集体的良性互动的。运用课堂中的理论指导实践活动，实践活动能不断深化课堂讲授的内容。首先在活动一中让学生深刻体会个人融入集体是一种良好的感受。这对于学生适应学校生活、社会生活乃至未来的工作环境都很有益处。活动二主要从文化组织形式的角度引导学生领会在集体主义文化中，我们对于自我的认知和建构也倾向于依存型，这一建构反过来会促进集体主义文化繁荣发展。很多人的个人发展目标是要改变世界，或者是以自己的能力改变世界的某一个部分。活动三提出了实现这一目标的途径，即通过合适的渠道和方法来表达自己的见解，从而达到个人与社会的良性互动。

课程总结："本节课我们一起学习了积极的组织，一起了解了积极的制度、积极的教育和积极的工作的内涵，希望同学们能树立积极教育的理念，具备提高工作幸福感的能力。"

四、教学反思

（一）学生反馈

学生反馈："我是一个文科生，写专栏是我的一个梦想，这次活动给了我一个很好的机会。在成长的过程中，父母对我们的管束比较多，总想找到一个渠道去表达和抒发自己的情感。但是如果随意抒发，甚至超过道德和法律的界限，就会变成'键盘侠'。今天的这个练习给了我其他课堂没有的内容，它让我找到了自己与世界和平交流的渠道。但是，我的寝室同学是理科生，她好像对这个东西并不感兴趣，那她要用什么样的方式跟世界交流呢？这真是一个问题。"

（二）教师反思

学生对积极的社会组织非常陌生，因此这堂课应从学生最为熟悉的教育入手，先介绍积极的教育，然后逐步推演到社会组织和未来的工作环境中。活动二中的独立型自我建构和依存型自我建构可以借鉴第九章第四节中的独立型自尊和依赖型自尊来解释。这个活动的难点是如何解释清楚个人主义文化和集体主义文化对个体自尊的影响，这就需要教师查阅大量的相关材料，并深入浅出地解释给学生。对于时事评论的撰写，尤其要注意观点的正确性，不能违背国家政策方针，对于其价值理念的内容，一定要严格审查，保证传播社会正能量。

参考文献

艾灵. 2021. 高校里的“爱情课”，指向哪里. 教育家，(41)：39-40

鲍建生，黄荣金，易凌峰，等. 2003. 变式教学研究. 数学教学，(1)：11-12

边玉芳. 2014. 怎样才能乐于助人？——利他行为影响因素实验. 中小学心理健康教育，(18)：37-38

布鲁纳. 1982. 教育过程. 邵瑞珍，译. 北京：文化教育出版社，23-48

蔡伟林. 2014. 中小学生积极心理品质与学校心理健康教育的相关研究. 吉首大学学报（社会科学版），(S2)：164-167

昌敬惠，袁愈新，王冬. 2020. 新型冠状病毒肺炎疫情下大学生心理健康状况及影响因素分析. 南方医科大学学报，(2)：171-176

常涛. 2019. 高职院校混合式教学模式改革实践. 北京：中国纺织出版社

车文博. 1998. 西方心理学史. 杭州：浙江教育出版社

车文博. 2001. 心理咨询大百科全书. 杭州：浙江科学技术出版社

陈宝生. 2016-11-07. 关于中国教育，新任教育部长谈了啥？. https://www.sohu.com/a/118281252_488396

陈宝生. 2018-06-22. 新时代全国高等学校本科教育工作会议召开. https://www.gov.cn/xinwen/2018-06/22/content_5300334.htm

陈超宇. 2021. 积极心理学在化学教学中的应用探讨——评《写给教育者的积极心理学》. 化学教育（中英文），(17)：113

陈坚，志新，东方. 2021. 中国社会孕育形成集体主义主流价值观. 共产党员，(1)：9-10

陈琦，刘儒德. 2019. 当代教育心理学. 北京：北京师范大学出版社

陈汝铮. 2014. 在皱纹纸团贴画活动中培养幼儿耐心的研究. 新课程（小学），(6)：138-139

陈振华. 2009. 积极教育论纲. 华东师范大学学报（教育科学版），(3)：27-39，68

陈志峰. 2016. 基于积极教育的职业学校体艺俱乐部模式构建与实践. 新校园（中旬），(10)：30-31

程宏宇，Ardrade H. 2011. 思维风格对中美大学生课堂学习行为的影响研究. 心理科学，(3)：647-651
程霞，秦晶晶，戴曦. 2005. 动态知识观对儿童德育的影响——后现代教育理念的视角. 学前教育研究，(11)：52-53
程悦，孙崴. 2019. 大学生网络学习行为分类模型构建与研究. 中国教育技术装备，(24)：14-16
丛晓波，田录梅，张向葵. 2005. 自尊：心理健康的核心——兼谈自尊的教育意境. 东北师大学报（哲学社会科学版），(1)：144-148
崔景贵，杨治菁. 2015. 职校生心理资本与职校积极教育开发策略. 职教通讯，(34)：9-12，20
代丽丽. 2021-07-17. 庆祝建党百年 8.9 万人奉献志愿力量. http://bj.people.com.cn/n2/2021/0717/c14540-34825162.html
丹尼尔·平克. 2013. 全新思维：决胜未来的 6 大能力. 高芳，译. 杭州：浙江人民出版社
狄明艳. 2017. 浅析积极心理学在高校学生心理健康教育中的作用. 才智，(17)：116
丁吉红，马雄，马怀义. 2020. 积极心理学在高校动物学实验教学中的应用. 中国兽医杂志，(5)：130-132
丁纪峰，何加亮，宋丽俏. 2022. 班导师在大学生创新能力培养中的作用与工作方法. 高教学刊，(16)：35-38
丁永为. 2012. 世界著名教育思想家：杜威. 北京：北京师范大学出版社
东向兰，方新立. 2012. 整合教育如何开启老年积极心理学之门. 中国成人教育，(12)：149-152
樊富珉. 1996. 团体咨询的理论与实践. 北京：清华大学出版社
费英秋. 2012. 中小企业人力资源管理. 北京：经济管理出版社
冯文全. 2005. 论拉斯的价值澄清德育思想及其启示. 比较教育研究，(1)：54-57
伏尔泰. 1991. 哲学辞典. 王燕生，译. 北京：商务印书馆
高觉敷. 1991. 西方社会心理学发展史. 北京：人民教育出版社
高茜，青晓. 2017.《积极心理学》教学对本科护生职业态度的影响研究. 中国继续医学教育，(15)：50-51
葛鲁嘉，李飞. 2016. 基于积极心理学视角的初中生心理健康教育理念与实施. 东北师大学报（哲学社会科学版），(3)：244-248
龚放，吕林海. 2012. 中美研究型大学本科生学习参与差异的研究——基于南京大学和加州大学伯克利分校的问卷调查. 高等教育研究，(9)：90-100
共青团中央. 2000-03-13. 关于进一步学习贯彻江泽民总书记对青年志愿者工作重要批示精神的通知. https://www.gqt.org.cn/search/zuzhi/documents/2000/zqf/tf5. htm
郭菊，杜高明. 2014. 积极团体心理健康教育在小学中的应用——以内江市为例. 长春教育学院学报，(19)：140-141，153
郭志刚. 2018. 自我概念清晰性与自尊水平及自尊稳定性的关系研究. 山西高等学校社会科学学

报，（11）：41-46
韩力争. 2013. 基于积极心理学探析高校 EAP 模式. 江苏高教，（3）：52-53
韩希. 2017.《积极心理学》课程设计与实践. 人力资源管理，（7）：264
韩晔，许悦婷. 2020. 积极心理学视角下二语写作学习的情绪体验及情绪调节策略研究——以书面纠正性反馈为例. 外语界，（1）：50-59
浩莹. 2020. 积极心理学在家庭教育中的应用研究——评《家庭教育心理学》. 化学教育（中英文），（10）：111
何蕊. 2022-01-23. 首都高校 1.4 万名师生志愿者奔赴冬奥. https://baijiahao.baidu.com/s?id=1722751241445688908&wfr=baike
何兆武，文靖. 2008. 上学记. 北京：生活 • 读书 • 新知三联书店
贺莉，李泓波. 2017. 教师知识如何影响学习成就——教师情感的调节效应. 当代教育理论与实践，（7）：43-48
黑格尔. 1980. 小逻辑. 贺麟，译. 北京：商务印书馆
胡煜. 2014. 体育院校《积极心理学》课程设计研究. 湖南师范大学硕士学位论文
黄华. 2012. 世界著名教育思想家：赫尔巴特. 北京：北京师范大学出版社
黄其春，李艳，黄天文，等. 2015. 临床药学专业教育与培训应引入积极心理学. 中国药房，（6）：856-858
黄宇星. 2003. 现代教育技术学. 福州：福建教育出版社
霍恩比. 2018. 牛津高阶英汉双解词典. 李旭影，等译. 北京：商务印书馆
加涅. 1999. 教学设计原理. 皮连生，译. 上海：华东师范大学出版社
贾志民，王新. 2015. 论顶岗实习支教中大学生向教师角色的转变——基于积极心理学方法的应用. 河北师范大学学报（教育科学版），（3）：116-120
江桂英，李成陈. 2017. 积极心理学视角下的二语习得研究述评与展望. 外语界，（5）：32-39
教育部发展规划司. 2023-03-23. 2022 年全国教育事业发展基本情况. http://www.moe.gov.cn/fbh/live/2023/55167/sfcl/202303/t20230323_1052203.html
教育部社会科学研究与思想政治工作司. 2002. 咨询心理学. 北京：高等教育出版社
金盛华，田丽丽. 2003. 中学生价值观、自我概念与生活满意度的关系研究. 心理发展与教育，（2）：57-63
井瑶. 2016. 积极心理学视角下民间舞中专课堂教学探索. 北京舞蹈学院学报，（2）：88-91
卡尔 • 罗杰斯，福雷伯格. 2006. 自由学习. 伍新春，管琳，贾容芳，译. 北京：北京师范大学出版社
卡尔 • 罗杰斯，杰罗姆 • 弗赖伯格. 2015. 自由学习. 王烨晖，译. 北京：人民邮电出版社
凯洛夫. 1950. 教育学 • 上册. 沈颖，南致善，等译. 北京：人民教育出版社
克里斯托弗 • 彼得森. 2010a. 打开积极心理学之门. 侯玉波，王非，译. 北京：机械工业出版社

克里斯托弗·彼得森. 2010b. 积极心理学. 徐红，译. 北京：群言出版社
夸美纽斯. 1999. 大教学论. 傅任敢，译. 北京：教育科学出版社
乐国安，纪海英. 2007. 班杜拉社会认知观的自我调节理论研究及展望. 南开学报（哲学社会科学版），（5）：118-125，134
雷鸣，陈华，汪小容. 2016. 心理健康教育视域下积极心理学课程教学内容的构建. 大学教育，（7）：8-10
李爱芹. 2005. 大众传媒对青少年越轨行为的影响及对策. 中国青年研究，（5）：5-8
李成陈. 2020. 情绪智力与英语学业成绩的关系探究——愉悦、焦虑及倦怠的多重中介作用. 外语界，（1）：69-78
李海兰，杨慧杰，罗毓仪，等. 2022. 中小学性教育现状与对策思考. 中国学校卫生，（7）：965-969
李婧怡. 2016-06-28. 志工部答：如何看待海外志愿者团体？. http://qnzs.youth.cn/2016/0628/4573507.shtml?mobile=0
李玲玲. 2016. 探析积极心理学在初中物理教学中的运用. 中学物理教学参考，（16）：34-35
李龙骄，王芳. 2022. 贬损型幽默：笑声能化解敌意吗？心理科学进展，（3）：670-683
李孟. 2000. 面向 21 世纪教育改革与发展研究. 北京：人民日报出版社
李成陈. 2021. 积极心理学视角下的二语习得研究：回顾与展望（2012—2021）. 外语教学，42（4）：57-63
李其龙. 1993. 德国教学论流派. 西安：陕西人民教育出版社
李清华. 2019. 积极心理学与思想政治教育的有效契合. 中学政治教学参考，（30）：69-70
李晓溪，张秀春. 2018. 双元互动教学思想指导下的 SPOC 教学模式应用. 现代职业教育，（7）：48-49
李学勤，赵平安. 2012. 字源（上）. 天津：天津古籍出版社；沈阳：辽宁人民出版社
李幼穗，周坤. 2010. 同情心培养对幼儿典型亲社会行为影响的研究. 心理科学，（2）：341-345
李玉梅，吴春玲. 2012. 课堂教学中学生积极情绪培养策略的创新研究——以“思想道德修养与法律基础”课为例. 西南民族大学学报（人文社会科学版），（S2）：83-85
励骅. 2009. 基于积极心理学的企业管理策略. 未来与发展，（3）：68-71
梁爽. 2014. 积极心理学教育：高校的呼唤、优势与基本思路. 学术交流，（2）：221-224
林崇德. 1995. 发展心理学. 北京：人民教育出版社
林崇德. 2012. 心理和谐：心理健康教育的指导思想. 西南大学学报（社会科学版），（3）：5-11，173
林革. 2006. 数学奇才——陶哲轩. 数学通报，（12）：37-40
林雅芳，刘翔平. 2013. 论积极心理学在特殊教育中的应用. 求索，（5）：214-216
林颖. 2000. 当代心理科学与学校教育相结合的典范——关于加涅的学习论和教学论思想的述评.

外国教育资料，(1)：53-56，68
刘聚红. 2018. 探索中国婚恋关系的变化：关系幻灭和关系冲突的假设. 西南大学博士学位论文
刘黎明，刘应宏. 2017. 西方自然主义教育家视野中的愉快教育思想. 教师教育学报，(5)：1-8
刘慕洁. 2023. 上海市第一师范学校附属小学　数字化技术赋能　让“愉快教育”更“愉快”. 上海教育，(21)：8-9
刘文斐. 2023. “有无”思想与造物艺术. 美术大观，(7)：110-123
刘英丽. 2016. 积极心理学理念下的高师音乐课堂教学改革. 中国成人教育，(11)：109-112
刘震. 1984.《学记》释义. 济南：山东教育出版社
刘宗碧. 1998. 中西传统成就观及其社会影响的比较. 呼兰师专学报，(1)：28-34
卢洪涛，付宏. 2009. 装甲兵初级军官决心培养系统研究. 系统仿真学报，(18)：5709-5712
卢梭. 2017. 爱弥儿. 李平沤，译. 北京：商务印书馆
卢仲衡. 1984. 数学自学辅导教学实验扩大研究结果. 教育研究，(2)：58-66
路易斯·拉思斯. 2003. 价值与教学. 谭松贤，译. 杭州：浙江教育出版社
陆彩霞，姜媛，方平. 2019. 积极心理学视野下的孝道及心理机制. 心理学探新，(2)：146-150
罗佳. 2017. 积极教育的发生、发展与展望. 教育导刊，(11)：23-26
洛林·W. 安德森，等. 2009. 布卢姆教育目标分类学：分类学视野下的学与教及其测评. 蒋小平，张琴美，罗晶晶，译. 北京：外语教学与研究出版社
马春秀. 2015. 开启幸福之门，掌握幸福方向——在高中开设幸福课程初探. 中学课程资源，(6)：57-58
马丁·塞利格曼. 2020. 习得性无助. 李倩，译. 北京：中国人民大学出版社
马建青. 1992. 大学生心理卫生. 杭州：浙江大学出版社
马丽萍. 2014. 积极心理学视阈下高校思想政治理论课教学新探. 学校党建与思想教育，(7)：54-56.
马斯洛. 2010. 人性能达到的境界. 马良诚，等译. 西安：陕西师范大学出版社
孟琪，常海亮. 2014. 积极心理学视域下的感恩教育探赜. 学校党建与思想教育，(13)：86-88
牛娟，张红静，杜鹃. 2009. 大学生进食障碍症状的相关心理因素. 山东大学学报（医学版），(1)：23-26
彭凯平. 2022-02-18. 为什么我们要提倡积极教育？积极教育的概念解读与意义阐述. https://www.sss.tsinghua.edu.cn/info/1074/1918.htm
齐美尔. 2002. 社会是如何可能的 齐美尔社会学论文选. 林荣远，编译. 桂林：广西师范大学出版社
齐晓颖，刘立伟，赵婷. 2014. 积极心理学在高校思想政治教育工作中的功能及其实现. 学校党建与思想教育，(8)：61-63
邱婉宁，刘宏刚. 2017.《积极心理学视角下的外语学习与教学》评介. 现代外语，(5)：725-728

邱学华. 1994. 尝试教学法的理论与实践. 人民教育，(4)：32-35
邱学华. 1996. 尝试教学理论的研究与实践（待续）. 湖北教育，(12)：28-31
热米娜，姚晓欣，钟田飞，等. 2017. 广州市高校学生多物质和新型毒品滥用的关联性研究. 中国药物滥用防治杂志，23（3）：139-142
任俊. 2010. 写给教育者的积极心理学. 北京：中国轻工业出版社
任俊，张义兵. 2005. 积极心理学运动及对我国构建和谐社会的启示. 学术论坛，(12)：67-71
桑海云. 2011. 基于积极心理学理念下的大学生创业教育的积极模式构建. 学校党建与思想教育，(32)：72-73
单冬旺. 2003. 播撒“爱”的雨露. 教书育人，(19)：30
上海师范大学教育系，杭州大学教育系. 1977. 杜威教育论著选. 上海：上海师范大学印刷厂
邵瑞珍. 1978. 布鲁纳的课程论. 全球教育展望，(5)：1-10
申荷永. 1999. 充满张力的生活空间——勒温的动力心理学. 武汉：湖北教育出版社
沈苹. 2017. “幸福课”对小学生积极情绪影响的探索. 中小学心理健康教育，(12)：29-31
斯上雯，林潇骁，刘娟，等. 2015. 积极心理学团体辅导对小学生抑郁症状的干预效果. 心理科学，38（4）：1012-1018
孙晓杰. 2012. 积极心理学课程学科教育与情感培养的双重属性. 沈阳大学学报（社会科学版），(4)：94-96
孙远刚. 2005. 当代心理咨询与治疗概论. 长春：吉林人民出版社
泰勒・本-沙哈尔. 2013. 幸福的方法. 汪冰，刘骏杰，译. 北京：中信出版社
谭建光，王小玲，苏敏. 2020. 青年“勇敢群体”及其特征：以中国青年参与抗击新冠肺炎疫情为研究视角. 中国青年研究，(4)：35-42
唐红艳. 2019. 基于积极心理学的中小学校德育探究. 教学与管理，(21)：41-43
陶爱荣. 2016. 积极心理学团体分享课的实践与探索. 西部素质教育，2（3）：140-141
陶行知. 1981. 行知诗歌集. 北京：生活・读书・新知三联书店
庹登磊，周高健. 1991. 教法与学法. 武汉：华中师范大学出版社
王策三. 1985. 教学论稿. 北京：人民教育出版社
王丹，谭敬靖，徐雨函. 2013. 面子文化对大学生学习行为影响研究. 教育教学论坛，(27)：145-147
王骥. 2022. 元宇宙革命与矩阵陷阱：科技大集成和文明大考. 北京：华文出版社
王丽. 2017. 高职院校幸福教育活动课程设置实践探索——以宁波卫生职业技术学院“幸福心学堂”活动教学课程为例. 宁波教育学院学报，(5)：75-79
王守仁. 2018. 传习录译注. 王晓昕，译注. 北京：中华书局
王帅. 2007. 布卢姆的掌握学习理论及其教育应用. 高等函授学报（哲学社会科学版），(2)：42-45

王希永. 2006. 对实施积极心理教育的思考. 中小学心理健康教育，（3）：7-9
王湘宁，万益，何云梦. 2021. 积极心理学视域下高校学生体育锻炼投入研究. 南京师大学报（自然科学版），（4）：140-148
王雅荣，安静雅. 2016. 工作压力、工作价值观对主观幸福感的影响——以呼包鄂地区为例. 企业经济，（9）：90-96
韦森. 2003. 文化与制序. 上海：上海人民出版社
温家宝. 2010-10-31. 温家宝总理在 2010 年上海世博会高峰论坛上的讲话. https://www.gov.cn/govweb/ldhd/2010-10/31/content_1734483.htm
魏运华. 1997. 自尊的概念与结构. 社会心理科学，（1）：35-39
吴浩. 2022-09-29. 泸定地震后 万名应急志愿者冲在前线……. https://www.sc.gov.cn/10462/10464/10797/2022/9/29/db0fcba6b1cd4b28b8c99de3896e1802.shtml
吴九君. 2015. 澳大利亚积极心理学教育值得借鉴. 中国教育学刊，（2）：108
吴式颖，李明德. 2018. 外国教育史教程. 北京：人民教育出版社
吴娴兰. 2012. 警察心理学课程中学生积极人格的塑造. 教育理论与实践，（24）：40-42
吴怡萱，胡君辰. 2008. 工作满意度研究综述. 理论界，（7）：245-246
吴增强，沈之菲. 2001. 班级心理辅导. 上海：上海教育出版社
伍麟，邢小莉. 2009. 注意与记忆中的“积极效应”——“老化悖论”与社会情绪选择理论的视角. 心理科学进展，（2）：362-369
西格蒙德・弗洛伊德. 2000. 诙谐及其与无意识的关系. 常宏，徐伟，译. 北京：国际文化出版公司
西美尔. 2018. 货币哲学. 陈戎女，耿开君，文聘元，译. 北京：华夏出版社
习近平. 2020. 习近平谈治国理政・第三卷. 北京：外文出版社
席居哲，王云汐，鞠康. 2022. 积极心理学视角的重大突发公共卫生事件的心理干预. 首都师范大学学报（社会科学版），（1）：181-187
席居哲，叶杨，左志宏，等. 2019. 积极心理学在我国学校教育中的实践. 华东师范大学学报（教育科学版），（6）：149-159
夏惠贤. 1993. 赫尔巴特教学模式述评. 上海教育科研，（5）：18-19，43
夏洋，徐忆. 2018. 英语专业课堂环境因素对学生消极学业情绪的影响研究. 外语与外语教学，（3）：65-76，144-145
邢哲夫. 2018. 中国传统文化的基本精神. 中国德育，（18）：46-53
徐亮. 2017. 积极心理学视角下体育游戏对中学生勇气特质影响的实验研究. 山西师范大学硕士学位论文
徐云杰. 2011. 社会调查设计与数据分析：从立题到发表. 重庆：重庆大学出版社
闫向博. 2019. 初中生自尊发展的轨迹和特点及培养策略. 中小学心理健康教育，（27）：64-65

杨宝光. 2023-04-13. 四部门部署2023年大学生志愿服务西部计划工作. http://www.mohrss.gov.cn/SYrlzyhshbzb/dongtaixinwen/buneiyaowen/rsxw/202304/t20230413_498462.html
杨丽珠. 2014. 发展心理学精品课程建设的理论与实践//李有增，谢新水. 名师谈教学・理念篇. 北京：人民出版社，55-67
杨丽珠，金芳，孙岩. 2014. 终身发展理念下幼儿健全人格的培养目标构建及教育促进实验. 学前教育研究，(8)：3-16
杨丽珠，邹晓燕. 2002. 儿童心理学双元互动型教学模式. 大连：大连海事大学出版社
杨荣丽. 2018. 多种感官参与，提高道德与法治教学的有效性. 小学教学参考，(36)：67-68
杨洋. 2010. 心理学视野中的幽默理论述要. 黑河学刊，(6)：139-141
杨洋. 2016. 积极教育在高校心理健康教育中的探索. 齐齐哈尔师范高等专科学校学报，(1)：11-12
杨宜音. 1998. 社会心理领域的价值观研究述要. 中国社会科学，(2)：82-93
姚梦，尹雪瑶，张馨，等. 2018. 基于社交媒体构建英语专业多元互动式教学模式. 海外英语，(20)：140-142
姚挺，王晓磊，王虹. 2009. 浅谈积极心理学在士官计算机教学中的应用. 现代教育技术，(6)：120-123
叶圣陶. 2021. 吕叔湘先生说的比喻. 语文教学通讯，(2)：1
佚名. 2009. 英国政府推行新教育计划：向美国学习乐观教育. 课程教材教学研究（小教研究），(Z2)：21
尹秋云. 2010. 积极心理学视野下心理健康教育课程的错位与开发. 黑龙江高教研究，(12)：166-168
尤尔根・哈贝马斯. 1999. 作为“意识形态”的技术与科学. 李黎，郭官义，译. 上海：学林出版社
余琳，杨亚云，李卫国，等. 2013. 高校《积极心理学》教学实验效果分析. 职教论坛，(11)：94-96
俞曼悦. 2021-05-31. 2021年全国普通高校毕业生达909万人 如何从“能就业”到“就好业”. http://www.moe.gov.cn/jyb_xwfb/xw_zt/moe_357/2021/2021_zt08/hd/yw/202105/t20210531_534363.html
袁鑫鑫. 2011. 论《爱弥儿》中的“消极教育”思想. 沈阳教育学院学报，(6)：6-8
约斋. 1986. 字源. 上海：上海书店出版社
曾光，赵昱鲲. 2018. 幸福的科学：积极心理学在教育中的应用. 北京：人民邮电出版社
翟凌晨，高雨荷，陶玉亭，等. 2022. 积极心理学视角下旅游幸福感研究综述——基于CiteSpace的可视化分析. 经营与管理，(5)：116-124
张定燕，郑凯，王丽芳. 2018. 积极心理学对大学生感恩意识培养的实验研究. 中国健康心理学

杂志，（3）：417-420
张磊. 2011. 中国大学生英语课堂沉默现象及其对策研究. 吉林大学硕士学位论文
张丽华，李娜. 2015. 自尊研究范式的发展. 苏州大学学报（教育科学版），（4）：33-41
张玲玲. 2015. 积极教育在应用型本科心理教育中的应用. 山海经，22：29-30
张权福，冯梦雅，江国庆，等. 2018. 生活满意度与居民幸福感——基于 Logistic 模型的实证研究. 特区经济，（9）：84-88
张仁新，张淑美，魏慧美，等. 2006. 大专校院推动生命教育现况及特色之调查研究. 高雄师大学报，（21）：1-24
张松德. 2007. 论高校思想政治教育的愉快教育理念. 思想教育研究，（2）：18-20
张艳，王妍. 2016. 幸福心理学. 重庆：重庆大学出版社
张莹. 2014. 积极心理学理论指导下的激发小学生道德学习内驱力的策略探究. 考试周刊，（57）：179
郑雪. 2014. 积极心理学. 北京：北京师范大学出版社
中共中央马克思恩格斯列宁斯大林著作编译局. 2009. 马克思恩格斯文集·第一卷. 北京：人民出版社
中国大百科全书总编辑委员会《教育》编辑委员会. 1985. 中国大百科全书·教育. 北京：中国大百科全书出版社
中国文化书院学术委员会. 2005. 梁漱溟全集·第二卷. 济南：山东人民出版社
周旖，邱模英. 2013. 积极心理学视角下学生积极心理的三个维度及其培育. 成功（教育），（1）：271
朱新明，李亦菲. 1998. 示例演练教学法. 沈阳：辽宁人民出版社
邹晓燕，杨丽珠. 1999. 坚持主体性教育 提高大学生综合素质——儿童心理学双元互动型教学改革探索. 辽宁师范大学学报，（3）：25-27
C. R. 斯奈德，沙恩·洛佩斯. 2013. 积极心理学——探索人类优势的科学与实践. 王彦，席居哲，王艳梅，译. 北京：人民邮电出版社
M. A. 布朗，M. J. 玛霍尼. 1987. 运动心理学的历史和当前的研究课题. 祝蓓里，译. 应用心理学，（S1）：45-48
J. 皮亚杰，B. 英海尔德. 1980. 儿童心理学. 吴福元，译. 北京：商务印书馆
Abel M H. 2002. Humor，stress，and coping strategies. Humor-International Journal of Humor Research，15（4）：365-381
Adler A. 2017. Positive education：Educating for academic success and for a fulfilling life. Papeles del Psicólogo，38（1）：50-57
Allport G W，Vernon P E，Lindzey G. 1960. Study of Values. Oxford：Houghton Mifflin
Auerbach R P，Alonso J，Axinn W G，et al. 2016. Mental disorders among college students in the

WHO World Mental Health Surveys. Psychological Medicine，46（14）：2955-2970

Bandura A. 1976. Self-reinforcement：Theoretical and methodological considerations. Behaviorism，4（2）：135-155

Bandura A，Grusec J E，Menlove F L. 1967. Some social determinants of self-monitoring reinforcement systems. Journal of Personality and Social Psychology，5（4）：449-455

Bandura A，Mahoney M J，Dirks S J. 1976. Discriminative activation and maintenance of contingent self-reinforcement. Behaviour Research and Therapy，14（1）：1-6

Bandura A，Walters R H. 1977. Social Learning Theory（Vol. 1）. Prentice Hall：Englewood Cliffs

Baş A U，Firat N S. 2017. The views and opinions of school principals and teachers on positive education. Journal of Education and Training Studies，5（2）：85-92

Bateson G. 1961. Perceval's Narrative：A Patient's Account of His Psychosis，1830-1832. San Francisco：Stanford University Press

Bloom B S. 1974. Time and learning. American Psychologist，29（9）：682-688

Bloom B S. 1981. All Our Children Learning：A Primer for Parents，Teachers，and Other Educators. New York：McGraw-Hill

Bok S. 1995. Common Values. Columbia：University of Missouri Press

Bond M H. 1996. Chinese values. In M. H. Bond（Ed.），The Handbook of Chinese Psychology. New York：Oxford University Press，208-226

Boston M. 2012. Assessing instructional quality in mathematics. The Elementary School Journal，113（1）：76-104

Bourdier P. 1977. Outline of a Theory of Practice. Cambridge：Cambridge University Press

Bower G H. 1975. Cognitive psychology：An introduction. In W. K. Estes（Ed.），Handbook of Learning and Cognition. Hillsdale：Erlbaum，25-80

Bower G H，Hilgard E R. 1981. Theories of Learning. Englewood Cliffs：Prentice-Hall

Bowers K S. 1973. Situationism in psychology：An analysis and a critique. Psychological Review，80（5）：307-336

Caldeira K M，Kasperski S J，Sharma E，et al. 2009. College students rarely seek help despite serious substance use problems. Journal of Substance Abuse Treatment，37（4）：368-378

Canary D J，Stafford L. 2001. Equity in the preservation of personal relationships. In J. Harvey，A. Wenzel (Eds.)，Close Romantic Relationships: Preservation and Enhancement. Mahwah: Lawrence Erlbaum Associates，Inc.，133-151

Carstensen L L. 2006. The influence of a sense of time on human development. Science，312（5782）：1913-1915

Catalano R F，Toumbourou J W，Hawkins J D. 2014. Positive youth development in the United

States：History，efficacy，and links to moral and character education. In L. Nucci，D. Narvaez（Eds.），Handbook of Moral and Character Education. England：Taylor，Francis，423-440

Chang H，Holt G R. 1994. A Chinese perspective on face as inter-relational concern. In S. Ting-Toomey（Ed.），The Challenge of Facework. Albany：State University of New York Press，95-132

Chazan B. 1985. Contemporary Approaches to Moral Education. New York：Teachers College Press

Clouse R W，Spurgeon K L. 1995. Corporate analysis of humor. Psychology：A Journal of Human Behavior，32（3-4）：1-24

Coopersmith S. 1967. The Antecedents of Self-Esteem. New York：Freeman

Cortazzi M，Jin L. 1996. Cultures of learning：Language classroom in China. In H. Coleman（Ed.），Society and Language Classroom. New York：Cambridge University Press，169-206

Dahlin B，Watkins D. 2000. The role of repetition in the processes of memorising and understanding：A comparison of the views of German and Chinese secondary school students in Hong Kong. British Journal of Educational Psychology，70（1）：65-84

Darwin C. 2017. The Origin of Species. Shenyang：Liaoning People's Publishing House

Davis D E，Hook J N，Jr Worthington E L，et al. 2011. Relational humility：Conceptualizing and measuring humility as a personality judgment. Journal of Personality Assessment，93（3）：225-234

de Vries B. 1996. The understanding of friendship：An adult life course perspective. In C. Magai，S. McFadden（Eds.），Handbook of Emotion，Aging，and the Life Course. San Diego：Academic Press，249-268

Dewaele J M，Dewaele L. 2017. The dynamic interactions in foreign language classroom anxiety and foreign language enjoyment of pupils aged 12 to 18：A pseudo-longitudinal investigation. Journal of the European Second Language Association，（1）：12-22

Dewaele J M，Li C. 2020. Emotions in second language acquisition：A critical review and research agenda. Foreign Language World，（1）：34-49

Dewaele J M，MacIntyre P D. 2014. The two faces of Janus? Anxiety and enjoyment in the foreign language classroom. Studies in Second Language Learning and Teaching，（2）：237-274

Dion K，Berscheid E，Walster E. 1972. What is beautiful is good. Journal of Personality and Social Psychology，24（3）：285-290

Draganski B，Gaser C，Kempermann G，et al. 2006. Temporal and spatial dynamics of brain structure changes during extensive learning. Journal of Neuroscience，26（23）：6314-6317

Dupaul G J，Schaughency E A，Weyandt L L，et al. 2001. Self-report of ADHD symptoms in university students：Cross-gender and cross-national prevalence. Journal of Learning Disabilities，34（4）：370-379

Egbert J A. 2003. A study of flow theory in the foreign language classroom. The Modern Language Journal，（4）：499-518

Erikson E H. 1968. Identity：Youth and Crisis. New York：W. W. Norton Company，91-141

Erikson E H. 1977. Life History and the Historical Moment：Diverse Presentations. New York：W. W. Norton Company

Feeney B C. 2004. A secure base：Responsive support of goal strivings and exploration in adult intimate relationships. Journal of Personality and Social Psychology，87（5）：631-648

Fehr B. 1996. Friendship Processes. London：SAGE Publications

Flowerdew L. 1998. A cultural perspective on group work. ELT Journal，52（4）：323-329

Flowerdew J，Miller L. 1995. On the notion of culture in L2 lectures. TESOL Quarterly，29（2）：345-373

Forgeard M J C，Jayawickreme E，Kern M. L，et al. 2011. Doing the right thing：Measuring well-being for public policy. International Journal of Wellbeing，1（1）：79-106

Fredrickson B L. 1998. What good are positive emotions? Review of General Psychology，2（3）：300-319

Fredrickson B L. 2001. The role of positive emotions in positive psychology：The broaden-and-build theory of positive emotions. American Psychologist，56（3）：218-226

Froh J J，Parks A C. 2013. Activities for Teaching Positive Psychology：A Guide for Instructors. Washington：American Psychological Association，1-10，22，34

Gardner H. 2006. Multiple Intelligences：New Horizons. New York：Basic Books

Hess R D，Azuma H. 1991. Cultural support for schooling：Contrasts between Japan and the United States. Educational Researcher，20（9）：2-9

Ho I T，Salili F，Biggs J B，et al. 1999. The relationship among causal attributions，learning strategies and level of achievement：A Hong Kong Chinese study. Asia Pacific Journal of Education，19（1）：45-58

Ho J，Crookall D. 1995. Breaking with Chinese cultural traditions：Learner autonomy in English language teaching. System，23（2）：235-243

Inglehart R. 1971. Changing value priorities and European integration. Journal of Common Market Studies，10（1）：1-36

Jacobs G. 1988. Co-operative goal structure：A way to improve group activities. ELT Journal，42（2）：97-101

Jacobs G M，Renandya W A. 2017. Using positive education to enliven the teaching of reading. RELC Journal，48（2）：256-263

Jiang Y，Dewaele J M. 2019. How unique is the foreign language classroom enjoyment and anxiety of

Chinese EFL learners? System，（59）：13-25

Jonkers P. 2020. Philosophy and wisdom. Algemeen Nederlands Tijdschrift Voor Wijsbegeerte，112（3）：261-277

Jr Perry W G. 1981. Cognitive and ethical growth: The making of meaning. In A. W. Chickering，N. Stanford （Eds. ），The Modern American College. San Francisco：Jossey-Bass，48-87

Jr Perry W G. 1999. Forms of Intellectual and Ethical Development in the College Years: A Scheme. San Francisco：Jossey-Bass

Jung C G. 2014. A Study in the Process of Individuation 1. In C.G. Jung（Ed.），The Archetypes and the Collective Unconscious. New York：Routledge，302-396

Kholodnaya M A. 2002. Kognitiivnii Stili：Oprirode Individual’ Nogouma [Cognitive styles：On the Nature of Individual Mind]. Moscow：Jossey-Bass

Krauss I. 1964. Sources of educational aspirations among working-class youth. American Sociological Review，29：867-879

Lake J. 2013. Positive L2 self：Linking positive psychology with L2 motivation. In M. T. Apple，D. D. Silva（Eds.），Language Learning Motivation in Japan. Bristol：Multilingual Matters，225-244

Langlois J H，Roggman L A，Casey R J，et al. 1987. Infant preferences for attractive faces：Rudiments of a stereotype? Developmental Psychology，23（3）：363-369

Lantolf J P，Swain M. 2019. On the emotion-cognition dialectic：A sociocultural response to prior. The Modern Language Journal，（2）：528-530

Lepper M R，Sagotsky G，Mailer J. 1975. Generalization and persistence of effects of exposure to self-reinforcement models. Child Development，46：618-630

Lewin K. 1943. Forces behind food habits and methods of change. Bulletin of the National Research Council，108（1043）：35-65

Lewin K. 1997. Experiments in social space（1939）. In K. Lewin（Ed.），Resolving Social Conflicts and Field Theory in Social Science. Washington：American Psychological Association，59-67

Li C，Jiang G，Dewaele J M. 2018. Understanding Chinese high school students’ foreign language enjoyment：Validation of the Chinese version of the foreign language enjoyment scale. System，（76）：183-196

Li C，Zhang L J，Jiang G Y. 2021. Conceptualisation and measurement of foreign language learning burnout among Chinese EFL students. Journal of Multilingual and Multicultural Development，1-15

Locke E A，Bryan J F，Kendall L M. 1968. Goals and intentions as mediators of the effects of monetary incentives on behavior. Journal of Applied Psychology，52（2）：104-121

Lund H G，Reider B D，Whiting A B，et al. 2010. Sleep patterns and predictors of disturbed sleep in a large population of college students. Journal of Adolescent Health，46（2）：124-132

Lykken D，Tellegen A. 1996. Happiness is a stochastic phenomenon. Psychological Science，7（3）：186-189

MacIntyre P D. 2016. So far so good：An overview of positive psychology and its contributions to SLA. In D. Gatajda（Ed.），Positive Psychology Perspectives on Foreign Language Learning and Teaching. Switzerland：Springer International Publishing，3-20

MacIntyre P D，Mercer S. 2014. Introducing positive psychology to SLA. Studies in Second Language Learning and Teaching，4（2）：153-172

MacIntyre P D，Gregersen T. 2012. Emotions that facilitate language learning：The positive-broadening power of the imagination. Studies in Second Language Learning and Teaching，（2）：193-213

MacIntyre P D，Gregersen T，Mercer S. 2019. Setting an agenda for positive psychology in SLA：Theory，practice，and research. Modern Language Journal，（1）：262-274

MacIntyre P D，Gregersen T，Mercer S. 2020. Language teachers' coping strategies during the Covid-19 conversion to online teaching：Correlations with stress，well-being and negative emotions. System，94（11）：102352

Martin R A，Puhlik-Doris P，Larsen G，et al. 2003. Individual differences in uses of humor and their relation to psychological well-being：Development of the Humor Styles Questionnaire. Journal of Research in Personality，37（1）：48-75

Maslow A H. 1943. A theory of human motivation. Psychological Review，50（4）：370-396

Maslow A H. 1954. Motivation and Personality. New York：Harper

Masters J C，Mokros J R. 1974. Self-reinforcement processes in children. Advances in Child Development and Behavior，9：151-187

Merrill M D，Li Z，Jones M K. 1990. Limitations of first generation instructional design. Educational Technology，30（1）：7-11

Mischel W. 1973. Toward a cognitive social learning reconceptualization of personality. Psychological Review，80（4）：252-283

Misiak H，Sexton V S. 1973. Phenomenological，Existential，and Humanistic Psychologies：A Historical Survey. New York：Grune，Stratton

Morrish L，Rickard N，Chin，T C，et al. 2018. Emotion regulation in adolescent well-being and positive education. Journal of Happiness Studies，19（5）：1543-1564

Moser J S，Schroder H S，Heeter C，et al. 2011. Mind your errors：Evidence for a neural mechanism linking growth mind-set to adaptive posterror adjustments. Psychological Science，22（12）：1484-1489

Neisser U. 1976. Cognition and Reality：Principles and Implications of Cognitive Psychology. San Francisco：W. H. Freeman

Neubauer A C，Fink A. 2009a. Intelligence and neural efficiency. Neuroscience and Biobehavioral Reviews，33：1004-1023

Neubauer A C，Fink A. 2009b. Intelligence and neural efficiency：Measures of brain activation versus measures of functional connectivity in the brain. Intelligence，37（2）：223-229

Noble T，McGrath H. 2015. Prosper：A new framework for positive education. Psychology of Well-being，5（1）：1-17

Norrish J M，Williams P，O'Connor M，et al. 2013. An applied framework for positive education. International Journal of Wellbeing，（2）：147-161

Oswald D L，Clark E M，Kelly C M. 2004. Friendship maintenance：An analysis of individual and dyad behaviors. Journal of Social and Clinical Psychology，（3）：413-441

Oxford R L. 2016. Powerfully positive：Searching for a model of language learner well-being. In D. Gabryś-Barker，G. D. Galajda（Eds.），Positive Psychology Perspectives on Foreign Language Learning and Teaching. Switzerland：Springer International Publishing，21-37

Peterson C，Seligman M E. 2004. Character Strengths and Virtues：A Handbook and Classification. Vol. 1. New York：Oxford University Press

Piechurska-Kuciel E. 2017. L2 or L3? Foreign language enjoyment and proficiency. In D. Gabryś-Barker，D. Gałajda，A. Wojtaszek，et al.（Eds.），Multiculturalism，Multilingualism and the Self：Studies in Linguistics and Language Learning. Cham：Springer，97-111

Prerost F J. 1975. The indication of sexual and aggressive similarities through humor appreciation. The Journal of Psychology，91（2）：283-288

Prerost F J. 1995. Sexual desire and the dissipation of anger arousal through humor appreciation; Gender and content issues. Social Behavior and Personality：An International Journal，23（1）：45-52

Pryor J H，Hurtado S，DeAngelo L，et al. 2010. The American Freshman：National Norms Fall 2010. Los Angeles：Higher Education Research Institute

Ramsden S，Richardson F M，Josse G，et al. 2012. Addendum：Verbal and non-verbal intelligence changes in the teenage brain. Nature，485（7400）：666

Raths L E，Harmin M，Simon S B. 1978. Values and Teaching. Columbus：Merrily

Rogers C R. 1983. Freedom to Learn for the 80's. Ohio：Charles E. Merrl Publishng Company

Rogers C R. 1995. A Way of Being. New York：Houghton Mifflin Company

Rokeach M. 1973. The Nature of Human Values. Howard：Free Press

Romo-González T，Ehrenzweig Y，Sánchez-Gracida O D，et al. 2013. Promotion of individual happiness and wellbeing of students by a positive education intervention. Journal of Behavior, Health, Social Issues, 5（2）: 79-102

Rotenstein L S, Ramos M A, Torre M, et al. 2016. Prevalence of depression, depressive symptoms, and suicidal ideation among medical students: A systematic review and meta-analysis. JAMA: The Journal of the American Medical Association, 316（21）: 2214-2236

Saito K, Dewaele J M, Abe M, et al. 2018. Motivation, emotion, learning experience, and second language comprehensibility development in classroom settings: A cross-sectional and longitudinal study. Language Learning,（3）: 709-743

Schroder H S, Fisher M E, Lin Y L, et al. 2017. Neural evidence for enhanced attention to mistakes among school-aged children with a growth mindset. Developmental Cognitive Neuroscience, 24: 42-50

Schwartz S H. 1992. Universals in the Content and Structure of Values: Theoretical Advances and Empirical Tests in 20 Countries Advances in Experimental Social Psychology. Amsterdam: Elsevier

Schwartz S H. 1994. Are there universal aspects in the structure and contents of human values? Journal of Social Issues, 50（4）: 19-45

Schwartz S H, Sagiv L. 1995. Identifying culture-specifics in the content and structure of values. Journal of Cross-cultural Psychology, 26（1）: 92-116

Scott H E, Hills K J. 2011. Does the positive psychology movement have legs for children in schools? The Journal of Positive Psychology, 6（1）: 88-94

Seligman M E P. 1998. Building human strength: Psychology's forgotten mission. APA Monitor, 29（1）: 12-19

Seligman M E P, Csikszentmihalyi M. 2000. Positive psychology: An introduction. American Psychologist, 55（1）: 5-14

Seligman M E P, Ernst R M, Gillham J, et al. 2009. Positive education: Positive psychology and classroom interventions. Oxford Review of Education, 35（3）: 293-311

Seligman M E P, Steen T A, Park N, et al. 2005. Positive psychology progress: Empirical validation of interventions. American Psychologist, 60（5）: 410-421

Selman R L. 1981. The child as a friendship philosopher. In S. R. Asher, J. M. Gottman（Eds.）, The Development of Children's Friendships. New York: Cambridge University Press

Shirvan M E, Taherian T. 2018. Longitudinal examination of university students' foreign language enjoyment and foreign language classroom anxiety in the course of general English: Latent growth curve modeling. International Journal of Bilingual Education and Bilingualism, 24（3）: 31-49

Simmel G. 2016. The stranger. In W. Longhofer, D. Winchester（Eds.）, Social Theory Re-Wired:

New Connections to Classical and Contemporary Perspectives. London：Routledge，478-481

Singhabumrung V，Juntakool S. 2004. Vigour test results for prediction of field emergence for sweet corn. Paper presented at the Proceedings of the 42nd Kasetsart University Annual Conference，Kasetsart，Thailand

Snyder C R，Lopez S J. 2002. Handbook of Positive Psychology. New York：Oxford University Press

Solomon B G，Klein S A，Hintze J M，et al. 2012. A meta-analysis of school-wide positive behavior support：An exploratory study using single-case synthesis. Psychology in the Schools，49（2）：105-121

Sprecher S，Regan P C. 1998. Passionate and companionate love in courting and young married couples. Sociological Inquiry，68（2）：163-185

Steffenhagen R A. 1990. Self-esteem Therapy. New York：An Imprint of Greenwood Publishing Group

Sternberg R J. 1986. A triangular theory of love. Psychological Review，93（2）：119-135

Sternberg R J. 2003. Wisdom，Intelligence，and Creativity，Synthesized. Cambridge：Cambridge University Press

Stevanovic N，Hoare E，Mckenzie V，et al. 2017. Sustaining the use of positive education coping skills to meet the challenges of the emerging adulthood period. International Journal of Wellbeing，7（3）：39-55

Sugai G，Horner R. 2002. The evolution of discipline practices：School-wide positive behavior supports. Child，Family Behavior Therapy，24（1）：23-50

Sugai G，Horner R H，Dunlap G. 2000. Applying positive behavior support and functional behavioral assessment in schools. Journal of Positive Behavior Interventions，2（3）：131-143

Suls J M. 1972. A two-stage model for the appreciation of jokes and cartoons：An information-processing analysis. The Psychology of Humor：Theoretical Perspectives and Empirical Issues，1：81-100

Tafarodi R W，Lang J M，Smith A J. 1999. Self-esteem and the cultural trade-off：Evidence for the role of individualism-collectivism. Journal of Cross-cultural Psychology，30（5）：620-640

Taylor D J，Bramoweth A D，Grieser E A，et al. 2013. Epidemiology of insomnia in college students：Relationship with mental health，quality of life，and substance use difficulties. Behavior Therapy，44（3）：339-348

Terman L M. 1954. The discovery and encouragement of exceptional talent. American Psychologist，9（6）：221-230

Tsui A B M. 1996. Reticence and anxiety in second language learning. In K. Bailey，D. Nunan（Eds.），Voices from the Language Classroom Voices from the Language Classroom：Qualitative Research in Second Language Acquisition. New York：Cambridge University Press，145-167

Tucker P，Aron A. 1993. Passionate love and marital satisfaction at key transition points in the family life cycle. Journal of Social and Clinical Psychology，12（2）：135-147

Vygotsky L S. 1978. Mind in Society：Development of Higher Psychological Processes. London：Harvard University Press

Vygotsky L S. 1991. Educational Psychology （Russian edition）. Moscow：Pedagogy Publishing House

Wagenschein M. 1959. Zum Begriff des exemplarischen Lehrens. Beltz，1-22

Wallace I. 1977. Self-control techniques of famous novelists. Journal of Applied Behavior Analysis，10（3）：515-525

Waterman A S. 1982. Identity development from adolescence to adulthood：An extension of theory and a review of research. Developmental Psychology，18（3）：341-358

Waterman A S. 2011. Eudaimonic Identity Theory：Identity as Self-discovery Handbook of Identity Theory and Research. Berlin：Springer

Waters L，Stokes H. 2015. Positive education for school leaders：Exploring the effects of emotion-gratitude and action-gratitude. The Educational and Developmental Psychologist，32（1）：1-22

WHO. 2021-06-17. Suicide. https://www.who.int/news-room/fact-sheets/detail/suicide

WHO. 2022-02-18. Constitution of the World Health Organization. https://www.afro.who.int/fr/node/7722

Winner E. 2000. The origins and ends of giftedness. American Psychologist，55（1）：159-169

Wolff K. 1964. The Sociology of Georg Simmel. New York：Free Press

Wong P T. 2018. New vistas for second wave positive psychology. International Journal of Existential Psychology and Psychotherapy，7（2）：1-4

Ziv A. 1987. The effect of humor on aggression catharsis in the classroom. The Journal of Psychology，121（4）：359-364